高职高专艺术设计类专业
"十二五"规划教材

Art Design

Layout Design

版式设计

张志颖　主　编

李晓东　奚　晓　副主编

第二版

U0325973

化学工业出版社

·北京·

版式设计作为现代设计艺术的重要组成部分，也是艺术设计类专业由基础课向专业课过渡的一门承上启下的课程。本书分为四大部分内容，第一部分为基础篇，认识版式设计；第二部分为技术篇，掌握版式设计的设计原理与流程；第三部分为应用篇，熟悉版式的设计与编排，版式设计在各领域的应用；第四部分为欣赏篇，进行优秀的版式设计作品赏析。

本书可作为高职高专艺术设计类相关专业的教材，也可作为各类艺术设计人员的参考教材和自学参考书。

图书在版编目（CIP）数据

版式设计/张志颖主编． —2版． 北京：化学工业出版社，2015.12

高职高专艺术设计类专业"十二五"规划教材
ISBN 978-7-122-25458-0

Ⅰ．①版… Ⅱ．①张… Ⅲ．①版式－设计－高等职业－教育－教材 Ⅳ．①TS881

中国版本图书馆CIP数据核字（2015）第250207号

责任编辑：李彦玲　　　　　　　　　　　　文字编辑：张　阳
责任校对：边　涛　　　　　　　　　　　　装帧设计：王晓宇

出版发行：化学工业出版社（北京市东城区青年湖南街13号　邮政编码100011）
印　　装：北京画中画印刷有限公司
787mm×1092mm　1/16　印张7½　字数194千字　2016年1月北京第2版第1次印刷

购书咨询：010-64518888（传真：010-64519686）　　售后服务：010-64518899
网　　址：http://www.cip.com.cn
凡购买本书，如有缺损质量问题，本社销售中心负责调换。

定　　价：39.00元

第二版前言

作为相对独立的设计课程，版式设计是信息传达的重要手段，它实现了技术与艺术的高度统一，对人们的视觉和心理都产生着积极的推动作用，在各个领域越来越受到高度重视，并且不断改善和美化着我们的生活。

本书在第一版基础上做了修订，从理论和实际案例的选择上都更加注重捕捉最适用和前沿的案例，以期更加具有针对性和实用性，同时也尽量强化高等职业教育的实训练习环节，章节后设有不同形式的案例与实训任务。

本书由张志颖、李晓东、奚晓、姚蔚、王俊波、耿雪莉、王莉等老师共同编写，全书由张志颖负责统稿和审核。

在此，要特别感谢诸多艺术界前辈和同仁在版式设计上的理论探讨和研究，本书凝结了许多同仁的辛勤劳动和智慧，参考了诸多同行们的著作文献，这才使本书有了更多的理论支撑。同时，我们很庆幸所处的网络时代拥有便利的资源共享条件，相关专业艺术设计网站的信息资源平台和优秀案例为我们提供了更多针对性的相关图片资料。书中引用的部分图片在相关位置作了注明，另有部分图片未及时标注的请相关设计者予以指正，我们将在再版时及时更正。在此，对各位一并表示诚挚的感谢！

版式设计内容涉及面广，知识量大，加上修订时间紧迫，书中不足和疏漏之处在所难免，希望有关专家学者和广大读者给予批评指正并呈请提出宝贵意见。

编　者
2015年8月

《版式设计》 课程教学体系及要求

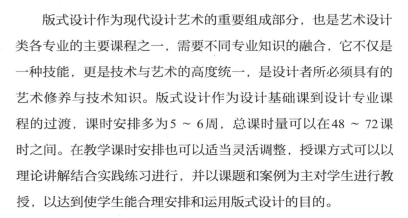

版式设计作为现代设计艺术的重要组成部分，也是艺术设计类各专业的主要课程之一，需要不同专业知识的融合，它不仅是一种技能，更是技术与艺术的高度统一，是设计者所必须具有的艺术修养与技术知识。版式设计作为设计基础课到设计专业课程的过渡，课时安排多为5 ~ 6周，总课时量可以在48 ~ 72课时之间。在教学课时安排也可以适当灵活调整，授课方式可以以理论讲解结合实践练习进行，并以课题和案例为主对学生进行教授，以达到使学生能合理安排和运用版式设计的目的。

参考相关院校的教学大纲和课时计划，本书提供如下计划作为各任课教师授课的参考，也可以使学生在学习安排时做到心中有数。在实践环节上应加强学生的实际操作能力，如结合相关排版软件（coreldraw或pagemaker等）进行实际案例的练习。有条件的教师则可以以实际案例进行授课以提高学习的针对性和有效性。

一、课程教学体系

（一）教学对象

应用型本科及高等职业教育院校艺术设计类各相关专业学生。

（二）课程的性质和任务

版式设计是由基础向专业过渡的一门承上启下的课程，是广告设计、装帧设计、包装设计等相关艺术设计类专业的前期预备课。这门课的教育与教学更注重强调知识、修养、爱好等体系的综合能力，学好本门课程，要求学生掌握版式设计的基本要求，了解各种版式的用途；进而结合本书内容与实例，能够独立完成版式设计的全过程，与自身设计作品相匹配，凸显设计作品意义的目的，最终达到理论与实践相结合，与社会需要相适应。

（三）学生能力培养要求

1.基础知识要求：认识并了解版式设计的重要性，掌握版式的大原则和要素，并以案例辅助教学，理解版式设计的基本内容。

2.素质要求：能够借鉴中外优秀佳作和优秀传统文化的精髓，为我所用，创造出既有理念又适合市场需求的平面广告设计相关作品，塑造良好的设计师形象和专业素养，丰富学生（设计者）和受众的人文精神。

3.实践操作要求：通过不同的表现方式，熟悉各分类版式设计（如报纸版式设计、网页界面的版式设计、包装的版式设计、招贴版式设计、名片版式设计等），完成多样化的版式设计作品。在设计过程中，教师和学生应加强交流和探讨的互动学时，并应重视设计过程中的手绘草图表现。

二、教学内容基本要求

第一阶段：认识版式设计的目的及意义

通过电子图片及影视广告片（中外优秀版式作品）的评讲，让学生初步了解版式设计，了解版式设计的重要性，掌握版式的原则和要素，使其在以后的学习中有浓厚的学习激情，并以案例辅助教学过程。

第二阶段：详细讲解版式设计的基本内容

（一）版式设计的原理及程序

（二）版式中的文字与图形

（三）版式设计的类型

（四）版式设计的应用

（五）现代版式设计观念

第三阶段：以优秀版式案例为例，讲解版式设计的分类

基本内容包括：海报广告、报纸版式设计、网页界面的版式设计、包装的版式设计、招贴版式设计、名片版式设计，等等。

第四阶段：版式设计课题实践设计制作（课程考核）

根据所学的整体内容由教师有针对性地设置考核课题，要求学生完成从设计草案到电子

设计稿到最后彩色样本输出。有条件的院校可以结合在电脑机房内以实训形式进行单独考核。

三、实践环节基本要求

实训总学时：12 ~ 24学时

课程实验目的要求：通过课题设置实验项目，使学生掌握版式设计创意和表现的一般规律。学生一人一机上机操作，课前检查学生作业，课后布置作业以强化上课内容。每4节学时可以安排一节实训练习。

第一阶段：学生一人一机，利用所学的基本知识，充分掌握教材上的具体实例，在教材的引导下动手实践。

第二阶段：通过前一阶段的训练，引导学生更主动地创作，充分发挥学生的主观能动性，运用所学的版式设计知识与专业平面知识相结合进而发掘学生版式设计的创作能力。

第三阶段：承接前一阶段的练习，把学生的思维创作提高到一个新的高度，鼓励学生大胆创作与尝试，最终达到理论与实践相结合，与实际社会需要的作品相适应，并且可以根据实例进行有针对性的设计。

第四阶段：版式设计课题实践设计制作。

四、学时分配及学分

以总学时为60学时，课程总计3学分为例

阶段	专题名称	授课时	实训时	总学时
第一阶段	认识版式及版面设计发展历程、目的意义等	4课时	2课时	6课时
第二阶段	版式设计的原则	2课时		2课时
第三阶段	版式设计原理	2课时	2课时	4课时
	版式设计的类型及设计过程	4课时	4课时	8课时
第四阶段	版式设计的应用	8课时	4课时	12课时
	版式设计的基本类型	8课时	4课时	12课时
第五阶段	现代版式设计的观念	8课时	4课时	12课时
	分类版式课程考核		4课时	4课时
合　计		36课时	24课时	60课时

五、考核方式及必要的说明

（一）考核方式

1.考试作品必须以计算机软件设计，须提交电子文档或者彩色输出设计样本。

尺寸规格：A4或者A3纸张。要求：报纸版式设计、网页界面的版式设计、包装的版式设计、招贴版式设计、名片版式设计各一张

2.检查学生的笔记及课程听课情况。

3.或各学期授课教师自拟考核题目。

（二）考核方式说明

1.考试的性质、作用

通过期末考试的形式来检验应考者掌握设计中的诸多知识点的运用，为后继专业课的学习打好基础。

2.期末成绩总分数（100分）＝平时课堂作业考勤及笔记记录等（40%）和+考试作品（60%）

目 录
CONTENTS

基础篇

技术篇

应用篇

欣赏篇

DESIGN.

基础篇

版式设计
Layout Design

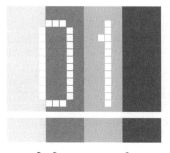

版式设计
Layout Design

第一章
版式设计概述

　　平面广告的发展离不开现代设计艺术的发展，而艺术设计水平的提高总是伴随着社会的进步和发展的过程。19世纪下半叶，英国兴起的"工艺美术运动"，标志着现代设计时代的到来。与之俱来的还有平面视觉设计中版式设计的发展与变革。近一个多世纪以来版式设计的发展推动各类设计水平达到了新的高度，互联网的海量视觉资源也把我们带入了一个"读图时代"。版式设计在此背景下更具有实践性和时代性，而当前各艺术院校的教学中也越来越重视版式设计这一艺术设计类专业的主干课程。

第一节　版式设计的概念

一、版式设计概念

　　通常意义上我们所说的版式设计，又称为版面设计，是平面设计中的一大分支，主要指运用造型要素及形式美原理，对版面内的文字字体、图像、图形、线条、表格、色块等相关要素，按照一定的要求进行编排，并以视觉阅读的方式艺术而直观地表达出来，并通过上述要素的编排，使观者直观地感受到要传递的信息和版面本身的意义。它是一种具有个人风格和艺术特色的视觉传达方式；也是一种视觉传达的重要手段，还是现代艺术设计的组成部分，如图1-1 ～图1-3所示。

图1-1 这幅由美国插画家Mark Ryden绘制的迈克尔·杰克逊的《Dangerous》CD专辑封面，以高度技巧的喷画艺术构图，不仅鲜艳精彩，且富有高度创作寓意，内容丰富且视觉传达力极强

图1-2　英国Research设计工作室版式设计作品，着重强调视觉沟通的过程

 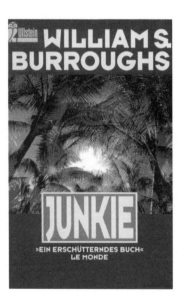 

图1-3　威廉·巴罗斯的小说《Junkie》在世界各地不断再版，各个地域有着不同文化背景的设计师，在对同一作品的不同理解，全都表现在书的封面上。这些艺术理念，也正是设计人员所追求的版式设计所体现的概念本质

二、版式设计应用范围

　　版式设计的应用范围极广，除用于书刊排版外，还涉及报纸、刊物、书籍（画册）、产品样本、挂历、招贴画、唱片封套、网页页面、各类广告、海报等诸多平面及影像的各个领域。好的版面设计可以更好地传达作者想要传达的信息，或者加强信息传达的效果，并能增强可读性，使经过设计的版面内容更加醒目、美观（图1-4 ～图1-9）。

图1-4　可口可乐公司的海报设计

图1-5　杂志封面版式设计

图1-6　报纸版式设计

图1-7　CD唱片包装版式设计

图1-8　平面广告设计所用版式设计

图1-9　楼书封面版式设计

第二节 版式设计目的及意义

一、版式设计的目的

版式设计是艺术设计与编排技术相结合的工作，是艺术与技术的统一体。版式设计作为一门艺术设计类各专业从专业基础课到专业设计课过渡的必修课程，也是艺术设计类各专业的通用设计课程之一，版式设计是现代设计师必须具有的艺术修养和技术知识的结合。其目的首先是应该满足设计的基础需要，即形式上新颖美观，一个优秀的设计方案在对外传达其设计意图时，如果缺少了好的版式会大打折扣。如图1-10、图1-11所示。

图1-10 考究的版式设计，增强了内容的韵味性　　图1-11 单纯文字的版式编排也使人耳目一新

其次，版式设计自身具有传达设计意图和设计过程的目的。一个设计方案的完成不再单纯是一个电脑效果图的表现，版式设计贯穿于设计的整个过程中，如图1-12所示。

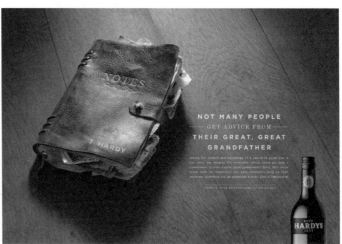

图1-12 酒的广告版式设计

再次，版式设计也是设计的再延续，是综合各类要素的平面设计。很多时候我们在感受一件设计作品内涵时，往往会因为其巧妙的版式设计布局所打动并被其创意所折服。如图1-13、图1-14所示。

20世纪以来，欧美等国的版式设计在相关设计发展的基础上蓬勃发展开来。版式设计理论的形成，也源自20世纪的欧洲。以19世纪英国工业革命运动时期版式设计的中心人物威廉姆·莫里斯为开端，他极力推崇展示版式设计之美，强调生活与艺术相融合的设计原则，直到现在，人们仍能感受到这场工艺美术运动的深远影响。版式设计很多情况下不再仅仅是为了方便受众阅读大量信息的需要，也具有品味、欣赏、收藏等价值，已经是具有独立文化艺术价值的实体存在。

在亚洲，我国的版式设计艺术也有着悠久的历史传统，其深厚的文化底蕴为世界所赞叹。自"五四"运动以来，日本、西欧的装饰和版式设计被引进国门，使中国在原有悠久的版式设计艺术的基础上更向前迈进了一大步。

20世纪60年代末，新的以商业和文化内容方面为主体的版式设计有了很快的发展，涌现了一大批优秀的设计作品，它们从更广泛的角度体现出作者对中国丰厚的文化积淀的认识与运用。日、韩等国设计师从中国历史文化中吸取营养并结合本国文化而发扬光大。其间，被誉为亚洲图像研究学者第一人的日本设计师杉浦康平，以其独特的方法论将意识领域的世界形象化，对新一代图形图像设计创作者影响甚大（图1-15、图1-16）。

图1-13 意大利面的广告版式设计　　　　图1-14 电影海报的版式设计

图1-15 杉浦康平的版式设计作品（1）　　图1-16 杉浦康平的版式设计作品（2）

二、版式设计的意义

当今版式设计无论从其分类还是设计手法和设计形式上都具有了更深远的意义。具体表现为如下。

① 版式设计可以提升设计作品的形式美感和内涵，使人更加鲜明和贴切地理解设计作品。

② 版式设计为我们生活当中的诸多设计作品提供了良好的设计依据和设计准则。

③ 版式设计具有无穷的艺术魅力，可以恰当地展示设计的科学原则与应用范畴，版式设计自身也是另外层面上的"设计"。（图1-17、图1-18）。

图1-17 手绘效果图表现，适当添加书法体签名，活跃了版式，提升了形式美感

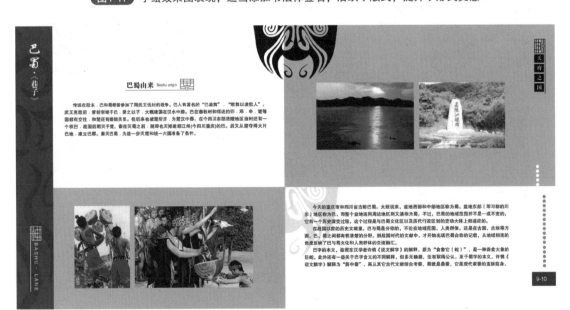

图1-18 宣传册的版式设计，为内容提供了可读性

1.根据图1-19给出的版式设计作品，分成正反两方在老师的指导下分析该版式的优缺点，并且在辩论后简要总结版式设计的目的及意义。

2.图1-20是国外的一个广告版式，请尝试说出该版式的主要意义，以及它告诉人们的道理是什么。

图1-19

图1-20

技术篇

版式设计
Layout Design

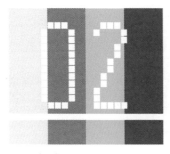

第二章
版式设计原理

当前，我们处在一个信息爆炸的"读图时代"时代，每天接受的信息量非常庞大，接受信息的途径也越来越多。人们每天不得不花费大量的精力来处理这些纷繁复杂的信息，而这些信息中又存在很多的"噪音"，影响人们对传递信息理解和吸收，使得信息传播效果的好坏成为现在设计研究重要课题之一。

在信息传递过程中扮演重要角色的版式设计则越来越多地服从于简洁易读这一原则，以减轻人们视觉的生理和心理压力，不使人们产生视觉疲劳，从而获得更好的信息传播效果为主要出发点。

第一节　版式设计要求

首先，应做到主题鲜明突出。版式设计的最终目的是使版面产生清晰的条理性，用悦目的组织形式来更好地突出主题，以达到最佳的诉求效果。设计时按照主从关系，使放大的主体形象成为视觉中心，以此表达主题思想。而将文案中的多种信息作整体编排设计，则有助于主体形象的建立。比如我们在一个版面主体形象外的四周增加空白量，使被强调的主体形象更加鲜明突出。

其次，形式与内容统一。版式设计所追求的完美形式必须符合主题的思想内容，通过完美新颖的形式来表达主题，做到内容与形式上的高度统一。

第三，强化整体布局。将版面的各种编排要素在编排结构及色彩上作整体设计，加强整体的结构组织和方向视觉秩序。如水平结构、垂直结构、斜向结构、曲线结构等。并加强文案的集合性，将文案中的多种信息合成块状，使版面具有条理性。加强展开页的整体性，无论是单页海报、招贴还是书籍跨页版面，强调整体性在版式编排设计中都至关重要。

综上所述，版式设计是充分运用视觉载体中的文字字体、图像图形、线条、表格、色块等要素按照一定的要求进行编排，并以视觉传达方式艺术地表达出来的过程。一个好版面，会直接激发读者的阅读兴趣，使之在美的形式氛围中浏览丰富多彩的信息，它的最终目的是使版面产生清晰的条理性，用悦目的组织来更好地突出主题，达到最佳信息传播效果（图2-1 ～图2-3）。

图2-1　简洁明了的版式设计，使人可以很快地接受所传达的信息，信息传播效果明显

图2-2　中国移动宣传画版式设计，图像图形、文字、线条、色块等要素编排得当

图2-3 书籍内页版式设计，注重了图像的说明作用，文字编排突出主体

第二节　版式信息交流

科学研究证实，人从外界获取的信息中，视觉成分占74%～80%。版面对读者的吸引，主要是借助对人的视觉生理和视觉心理的分析与判断。充分运用版式设计的视觉元素，使之对读者产生强烈的视觉冲击与心理震撼，进而促进其产生深入了解相关内容的欲望，使信息顺畅交流成为可能，而在信息交流的过程中版式设计的优劣直接给人以不同的视觉冲击。这样的过程促成版式设计必须建立在双向视觉交流的基础上（图2-4、图2-5）。

图2-4 充分运用图形视觉元素的版式设计，
产生强烈的视觉冲击与心理震撼

图2-5 版面设计注重了
整体意识，信息蕴含量大

1.找几本自己喜欢的杂志，根据本节讲述的原理分析杂志中的广告画面所采用的版式形式。

2.自行选择一个虚拟课题，运用文字、手绘图形、色块等版式元素进行至少5种不同的版式编排，并找出其中最能体现版式设计要求的一个，简要分析选择原因。

第三节　点线面的编排构成

一、点的编排构成

在版面中的点，由于大小、形态、位置的不同，所产生的视觉效果和心理作用也不同。点的缩小起着强调和引起注意的作用，而点的放大有面之感。它们注重形象的强调和表现给人情感上和心理上的量感作用。同时点在版式空间上起着引导、强调、活泼版面和成为视觉焦点的作用。

点在版面上不同的位置其作用和效果也不一样：

① 当点居于几何中心时，上下左右空间对称，视觉张力均等，既庄重又呆板。这类版式适合应用于电影海报等大幅面的平面作品中。

② 当点居于视觉中心时，给人以视觉心理上的平衡与舒适感。当前很多电脑网页的版式设计应用较多。

③ 当点偏左或偏右，产生向心移动趋势，但过于边置也产生离心之动感。适用于各类较为活泼的招贴等设计中。

④ 点放置于上、下边位置，使人有上升、下沉的心理感受。多用于强化主题和对比较为明显的平面设计作品中。

在设计中，将视点导入视觉中心的设计，如今已屡见不鲜。为了追求新颖的版式，更特意追求将视点导向左、右、上、下边置的变化已成为今天常见的版式表现形式。另外，准确运用视点的设计来完美地表述情感即内涵，使设计作品更加精彩动人，这正是版式设计追求的更高境界。各类以点为编排构成的版式如图2-6～图2-13所示。

 案例与实训

根据本节给出的案例图片分别分析其应用了点的哪一种编排构成方式，与同学和老师一起交流并说出理由。

图2-6 以点为编排的版式（1）

图2-7 以点为编排的版式（2）

图2-9 以点为编排的版式（4）

图2-10 以点为编排的版式（5）

图2-8 以点为编排的版式（3）

图2-11 以点为编排的版式（6）

图2-12 以点为编排的版式（7）

图2-13 以点为编排的版式（8）

二、线的分割与编排

点移动的轨迹成为线。线在编排构成中的形态很复杂，有形态明确的实线、虚线，也有空间的视觉流动线。我们在设计和观察一幅画的过程中，视线往往是随各元素的运动流程而移动的，同时也构成线为核心元素的版式设计。

在版式设计中线往往起到分割和构成空间基本型的作用。在进行版面分割时，既要考虑各元素彼此间支配的形状，又要注意空间所具有的内在联系。保证良好的视觉秩序感，这就要求被划分的空间有相应的主次关系、呼应关系和形式关系，以此来获得整体和谐的视觉空间。

将多个相同或相似的形态进行空间等量分割，以获得秩序与美。图文在直线的空间分割下，求得清晰、条理的秩序，同时求得统一和谐的因素。通过不同比例的空间分割，版面产生各空间的对比与节奏感。在骨骼分栏中插入直线进行分割使栏目更清晰，更具条理，且有弹性，增强了文章的可视性。

在文字和图形中插入直线或以线框进行分割和限定，被分割和限定的文字和或图形的范围即产生紧张感并引起视觉注意，这正是力场的空间感应。这种手法，增强了版面各空间相互依存的关系而使之成为一个整体，并使版面获得清晰、明快、条理富于弹性的空间关系。至于力场的大小，则与线的粗细、虚实有关。线粗、实，力场感应则强；线细、虚，力场感应则弱。另外，在栏与栏之间用空白分割限定是静的表现；用线分割限定为动的、积极的表现。

在强调情感或动感的出血图中，若以线框配置，动感与情感则获得相应的稳定规范。另外，线框细，版面则轻快而有弹性，但场的感应弱；当线框加粗，图像有被强调的感觉，同时诱导视觉注意；但线框过粗，版面则变得稳定、呆板、空间封闭。各类线的图形分割与版式编排设计见图2-14～图2-24所示。

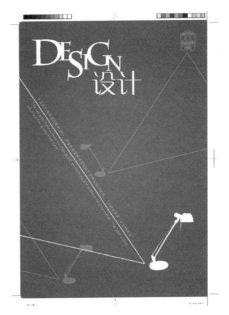

图2-14 单纯的线型分割构筑版式骨骼

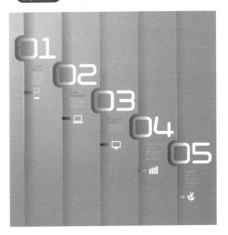

图2-15 垂直的线型分割增强版式动感

图2-16 折页设计中线的应用增强了版式的整体性

图2-17 以线的分割构筑版式视觉中心

图2-18 粗线条的版式分割应用效果

图2-19 粗细线条的结合应用（1）

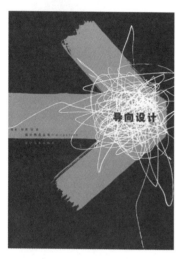

图2-20 粗细线条的结合应用（2）

图2-21 流线型版式分割

图2-23 垂直线条的版式设计应用

图2-22 线条增加版式的平衡感

图2-24 线条强化感情色彩的版式设计应用

三、面的编排构成

面在版面中的概念，可理解为点的放大或线的平移，点的密集或线的重复。另外，线的分割产生各种比例的空间，同时也形成各种比例关系的面。面在版面中具有平衡、丰富空间层次、烘托及深化主题的作用，点线面的编排关系往往是同时具有的，可能是以某一种元素为主，其他为辅助，而不单纯是以一种元素出现的，这一点尤为重要。

面积大小的比例，即近大远小产生近、中、远的空间层次。在编排中，可将主体形象或标题文字放大，次要形象缩小，来建立良好的主次、强弱的空间关系，以增强版面的节奏感和明快度。

前后叠压的位置关系所构成的空间层次。将图像或文字作前后叠压排列，产生强节奏的三度层次空间。版面上、左、右、下、中位置所产生的空间层次。版面的最佳视域为视觉中心位置，并产生视觉焦点；再依次为上部、左侧、右侧、下部的视觉位置顺序。编排时，依从主次顺序，将重要的信息或视觉流程的信息安排在注目价值高的部位，其他信息则与主体成相应上左或右下的配置关系这样所构成的，不如前后叠置手法效果强烈，但视觉注目程度高。

疏密的位置关系产生的空间层次。在前后叠压关系或版面上、下、左、右位置关系中，做疏密、轻重、缓急的位置编排，所产生的空间层次富于弹性，同时也产生紧张或舒缓的心理感受。

无论是有色还是无色的版面，均为黑白灰的三色空间层次。黑白为对比极色，最单纯、强烈、醒目，最能保持远距离视觉传达效果；灰色能概括一切中间色，且柔和而协调。三色的近中远空间位置，依版面具体的明暗调关系而定。

版式设计强调色彩的调性。一幅优秀的设计作品，色调应非常明确，或高调、低调、灰调，或对比强烈，或对比柔和。反之，则混乱，模糊不清。因此，应加强形与空间大小面积的对比关系、文字的整体关系，以及用集中近似的面积等来达到色调统一。各类面积构成版式编排形成的版式如图2-25～图2-30所示。

图2-25 面的版式编排构成

图2-26 面的版式编排构成——网页设计

图2-27 面的版式编排构成——网页排版

图2-28　面的版式编排构成（1）

图2-29　面的版式编排构成（2）

图2-30　面的版式编排构成（3）

四、其他编排要素

肌理效果的应用：肌理是指物体表面的纹理、质感、质地等给人的感受。不同的材质有不同的物质属性，因而也就有其不同的肌理形态。肌理效果的应用，增加版面设计的内容和层次在视觉上的丰富性和对比性，可以体现内容和形式的统一，能够形成强大的视觉冲击力和心灵震撼力。

视觉肌理是对物体表面特征的认识，一般是用眼睛看而不是用手触摸的肌理。它的形和色彩非常重要，是肌理构成的重要因素；如用毛笔、喷笔、彩笔，都能形成各自独特的肌理痕迹；也可用画、染、淋、熏灸、拓印、贴压、剪刮等手法制作。可用的材料也很多，如木头、石头、玻璃、面料、油漆、海绵、纸张、颜料、化学试剂等。视觉肌理感受是建立在触觉肌理基础上的心理反应。触觉肌理是指用手抚摸物质时的感受，如给人刺痛、冰冷、柔软、坚硬等不同的感觉。巧妙地利用各种肌理效果会使版式设计的感情特征更加明显。各类肌理效果的版式设计如图2-31～图2-35所示。

图2-31 运用肌理编排的版式设计，强化了恐怖的视觉效果

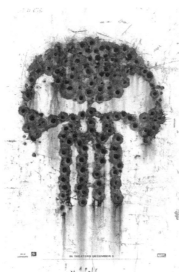

图2-32 运用肌理编排的版式设计（1）

图2-33 运用肌理编排的版式设计（2）

图2-34 运用肌理编排的版式设计（3）

图2-35 运用肌理编排的版式设计（4）

　　色彩效果的应用：人类所能看到的一切视觉现象都是由光线和色彩共同作用产生的。我们在现实生活中所看到的色彩实际上是一定光源下的色彩。英国心理学家格里高认为，"色彩感觉对于人类具有极其重要的意义：它是视觉审美的核心，它深刻地影响着我们的情绪状态"。当一种色彩与其他色彩组合在一起使用时，视觉效果往往会发生变化。色彩的构成形式主要包括了对比与和谐，如图2-36～图2-40所示。

图2-36 色彩的强对比效果（1）

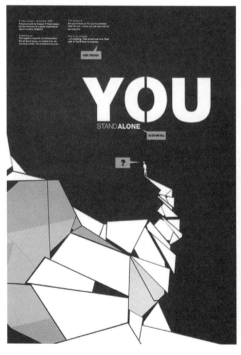

图2-38 色彩的强对比效果（2）

图2-37 色彩的和谐统一效果（1）

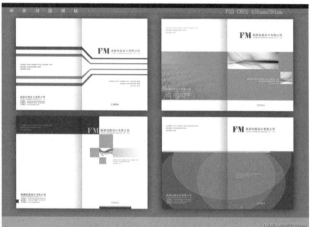

图2-39 局部对比整体的和谐效果

图2-40 色彩的和谐统一效果（2）

用相机拍摄或者从网上下载一张具有强烈肌理感的图片，以某一命题进行版式的简单设计，同时加入点线面的版面分割处理。如水波纹或者干涸大地效果的肌理，以节约用水主题进行设计。参考图片如图2-41所示。

图2-41　"节约用水"

版式设计
Layout Design

03
第三章
版式类型及视觉流程

第一节　版式设计类型

　　现代版式设计大都建构在源于瑞士的网格体系上，随着时间的推移以及网格体系不断发展完善，才发展出丰富的版式形态。

　　网格体系的核心是以印刷字符的规格标准为模数，将二维平面或三维空间划分成若干区域，然后用这些区域作为组织设计素材的基本框架，建立合乎数理逻辑的版面整体秩序。这种形式的版面设计通常给人简洁、严谨、有条理的感觉，可帮助设计者创造出井然有序又富于对比和节奏的版面，提高版面的易读性，加强信息传递的效率。现代版式设计有几种基本类型：满版型、分割性、倾斜型、三角型、曲线型，以及自由形。

一、满版型

　　满版设计即版面不留固定的白边，图像、图形不受版心约束，多做"出血"处理。出血图像的一边或几个边要充满页面，有向外扩张和舒展之势，满版设计多用于传达抒情或运动信息的页面，因为不受边框限制，感觉上与人更加接近，便于情感与动感的发挥。

满版设计的主要特征是设计可根据内容和构图的需要自由地发挥，强调设计个性化；其编排形式灵活多变，新颖奇妙，能最大程度地体现设计师的设计意图，具有较强的时代气息。版面以图像充满整版，文字配置压置在上下、左右或中部（边部和中心）的图像上，视觉传达效果直观而强烈，同时给人以舒展、大方的感觉。

满版型是商品广告常用的形式，一般运用于插图较多、图文并茂的海报招贴、书籍封面、个性杂志、产品样本、包装设计等上。随着宽带的普及，这种版式在网页设计中的运用越来越多。美中不足的是，限于当前网络宽带对大幅图像的传输速度较慢，这种版式多见于强调艺术性或个性的网页设计中（图3-1 ～图3-6）。

图3-1 传统满版型，构成的版面显得庄重、典雅

图3-2 满版型的巨大图形给人强烈的视觉冲击力

图3-3 满版型构图（1）

图3-5 满版型构图（3）

图3-6 满版型构图（4）

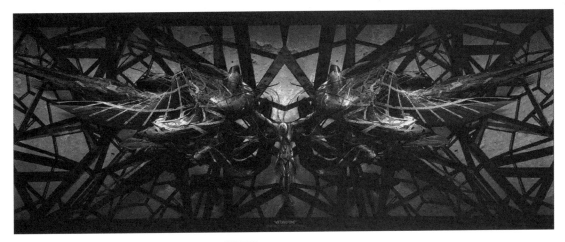

图3-4 满版型构图（2）

二、分割型

　　分割型版式设计，是把整个版面分成上下或左右两部分，分别安排图片和文字。这是一种比较常见的版面编排形式，其特点是画面中各元素容易形成平衡，结构稳当，风格平实。图片和文字的编排上，往往按照一定比例进行分割编排配置，给人以严谨、和谐、理性的美。分割型版面中的两个部分会自然形成对比：有图片的部分感性，具有活力，文案部分则理性、平静。

　　上下分割型是把整个版面分成上下两部分，在上半部或下半部配置图片（可以是单幅或多幅），另一部分则配置文字（图3-7～图3-9）。

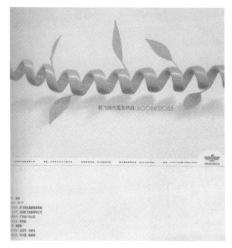

图3-7 上下分割型版式设计，图片部分感性、具有活力，文字部分则理性、静止

图3-8 上下分割型版式设计（1）

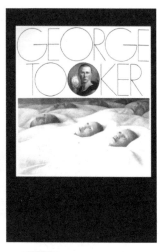

图3-9 上下分割型版式设计（2）

　　左右分割型是把整个版面分割为左右两部分，分别配置文字和图片。左右两部分形成强弱对比时，会造成视觉心理的不平衡（图3-10～图3-12）。不过这种不平衡仅是视觉习惯上的问题，它表现出来的视觉流程不如上下分割型自然。

图3-10 左右分割型版式设计

图3-11 左右图文的创意趣味分割，充分活跃了整个版面

图3-12 左右图文分割显得生硬、强烈。文字在页面中占据了较小的面积，
但由于分割线的运用，使文字同样得到强调

等形分割要求形状完全一样，分割后再把分割界限加以取舍，以取得良好的效果。

自由分割是不规则的，将画面自由分割的方法。它不同于数学规则分割产生的整体效果，其随意性的分割给人活泼、不受约束的感觉。

比例与数列：利用比例完成的构图通常具有秩序、明朗的特性，给人清新之感。对分割给予一定的法则，如黄金分割法、数列等。

分割型版式是一种规范的、理性的分割方法，版面的分割首先以图片吸引浏览者的注意力，然后将视线引向文字。版面上文字与图形的分割，使版面对立而统一；同时让版面产生更多的层次，版面的空间得到延展，形象得到强调，可增加浏览者的兴趣。但是，这种编排形式容易使画面显得平淡沉闷，因而必须在具体设计中细微处求变化，讲求对比才能使整个设计不流于呆板和单调（图3-13、图3-14）。

图3-13 左右分割型，文字与图形的截然分开会显得生硬，而文字穿插于图形中，则使版面动、静的对比趋向和谐

图3-14 图片与文字互相交错分割，形成有序的节奏感和块面感

三、倾斜型

　　这是一种很有动感的构图，图中要素或主体的放置呈倾斜状。在版面编排中，图形或文字的主要部分向右或向左做方向性倾斜，使视线沿倾斜角度而由上至下或由下至上移动，造成一种不稳定感，吸引观者的视线。这种设计形式最大的优点在于，它刻意打破稳定和平衡，从而赋予图形或文字以强烈的结构张力和视觉动感（图3-16 ～图3-19）。

　　倾斜型设计在构图时，版面主体形象或多幅图像、文字做倾斜编排，造成版面强烈的动感和不稳定因素，引人注目。倾斜感产生的强度与主体的形状、方向、大小、层次等因素有关。在设计中，要根据主题内容把握倾斜角度与重心问题。

图3-15　倾斜的直线分割使整个版面形成了强烈的现代感

图3-16　倾斜部分图形使画面变得不稳定，产生动感效果

图3-17　倾斜交叉的版式，强调秩序性获取视觉的冲击力

图3-18　作品运用斜形构图，在图形与文字的统一作用下达到画面的视觉平衡

图3-19　作品运用倾斜形构图及正负形关系，强化对比效果

四、三角型

这种版式是版面各视觉元素呈三角形排列。在图文形象中，正三角形（金字塔型）最具稳定性，倒三角形则会相应地产生活泼、多变的感觉，易产生动感；侧三角形构成一种均衡版式，既安定又有动感（图3-20～图3-25）。

但版式设计中要注意，用正三角形时应避免呆板，可通过对文字和图片的处理来打破其死板性；而用倒三角形在产生动感的同时要注意其稳定性。

图3-20　图与文字构成的稳定的正三角形构图

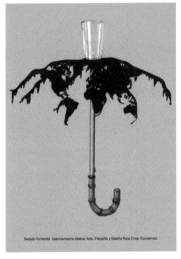

图3-21　正三角形版式构图

图3-22　三角形构图，图像以及大小文字的对比使视觉产生动感

图3-23　三角形构图，强化了视觉中的效果

图3-24　三角形构图

图3-25　利用三角形构图的特点使版面产生向上的张力，具有很强的视觉冲击力

五、曲线型

　　曲线型版式是在版面上通过线条、色彩、体形、方向等因素有规律的变化，将图片、文字做曲线的分割或编排构成，而让人感受到韵律与节奏感。曲线型的版式设计应用具有流动、活跃、动感的特点，曲线和弧形在版面上的重复组合可以呈现流畅、轻快、富有活力的视觉效果。曲线的变化必须遵循美的原理法则，具有一定的秩序和规律，又有独特的个性。根据视觉元素的数量和特点，表现为渐次的、错落的、简单的、复杂的，同时具有一定的方向性。当文字或图形有一定的数量时，就必须注意形象的方向和位置的错落，或者形象渐次的变化，以起到增强版面动感的作用。如图3-26～图3-31所示。

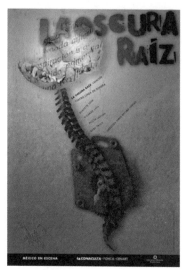

图3-26 以曲线型的构成形式，以及文字编排的压迫感，增强了画面效果

图3-27 回旋形视觉流程，使页面产生更多层次，空间感强

图3-28 采用文字和图形的大小与渐变的编排构成

图3-29 采用图形大小的编排构成，产生相应的空间感和秩序感

图3-30 自然的曲线美感，线条极富有弹性，具有视觉亲和力

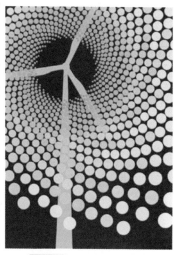

图3-31 形象的渐变，使单一的元素变得丰富，具有节奏感与空间感

六、自由形

运用网格作为编排程序，并不意味着需要很明显地表现出网格，版面上过多地使用网格分割法而不知变通，会缺少生气并让人产生视觉疲劳，所以如何去突破固有的网格形式，加入一些变异的设计就显得十分必要。在多种方式的处理下，采用自由的编排方式，会产生出丰富多变的效果。

自由版式将图像分散排列在页面各个部位，具有自由、轻快的感觉。在编排时，将构成要素在版面上做不规则分散状排列，会形成随意、轻松的视觉效果。采用这种版式时应注意图像的大小、主次，以及方形图、退底图和出血图的配置，同时还应考虑疏密、均衡、视觉流程等。将各要素分散在版面各个部位，以各施所长。这种看似随意的分散，其实包含着设计者的精心构置。视点虽然分散，但整个版面仍应给人以统一完整的感觉。总体设计时注重统一气氛，进行色彩或图形的相似处理，注意节奏、疏密、均衡等要素，避免杂乱无章，做到形散神不散。同时又要主体突出，符合视觉流程规律，这样方能取得最佳诉求效果。

现代版式的设计越来越趋向于多元化。一个版式往往是几种类型的混合，不再拘泥于旧有的形式与法则，体现的是一切皆有可能的理念和存在即合理的观点。对于传统的东西早已不再是遵循而是理解消化后的再重组，加入的是大量的主观感受，使作品形式风格呈现多样化发展。

优秀的版面设计，都表现出其各构成因素间和谐的比例关系。达·芬奇说："美感完全建立在各部分之间神圣的比例关系上。"可见，比例法则是实现形式美感的重要基础。

任何设计和任何编排形式最终都没有一个限定的或特定的样式来让人照搬硬套，设计的目的就在于不断创造出新的风格形式，新的视觉语言，改变人们既有的生活内容、消费选择，激发或培养人们新的生活意趣和生活品质。所以，在具体的设计中应大胆探索，力求使版式设计形式像所要表达的内容那样日新月异、丰富多彩。如图3-32～图3-39所示。

图3-32 版面元素相互叠加

图3-33 版面元素的互相叠加突破规则性，使版面富有层次感

图3-34 多种编排方式的结合，产生了耐人寻味的视觉和心理感受

图3-35 版面的推移与错位使版面对比感加强，视觉效果更强烈、自由

图3-36 图片与文字的协调，增加了画面的趣味性

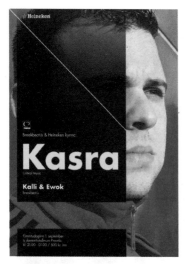

图3-37 压抑和强对比的形态使严谨的版面富有紧迫感

图3-38 自由的版式设计形成生动活泼的页面设计

图3-39 自由的版式编排中透露出设计师的精心编排，图形与文字等元素的对比和合理运用使版面具有很大的空间包容力

案例与实训

1.运用版式设计类型分类知识，设计公益招贴一幅。

2.利用自由型版式设计，制作以自己名字为名的个性画册封面。

第二节　版式设计视觉流程

版式中的视觉流程设计的根本目的是为了视觉视线，实现信息的有效传递。视觉流程的形成是由人的视觉特性所决定的。因为人眼晶体结构的生理构造，只能产生一个焦点，而不能同时把视线停留在两处或两处以上的地方。人们在阅读一种信息时，视觉总有一种自然的流动习惯，即先看什么，后看什么。视觉流程往往会体现出比较明显的方向感，它无形中形成一种脉络，似乎有一条线、一股气贯穿其中，使整个版面的运动趋势有一个主旋律。心理学的研究表明，在一个平面上，上半部让人轻松和自在，下半部则让人稳定和压抑。同样，平面的左半部让人轻松和自在，右半部让人稳定和压抑。所以平面的视觉影响力上方强于下方，左侧强于右侧。这样平面的上部和中上部被称为"最佳视域"，也就是版式设计排版时主体最优选的地方。

一、单向视觉流程

单向视觉流程是一种最简单、普遍，最容易掌握的流程方法，使版面的流动更为简洁，直接诉求主题内容，有简洁而强烈的视觉效果。有许多设计师非常习惯用这种简约方式，体现出强烈的设计感。单向视觉流程常见的形式有横向视觉流程、竖向视觉流程和斜向视觉流程。竖向视觉流程可使视线上下流动，坚定、直观的感觉。横向视觉流程可使视线左右流动，给人稳定、恬静之感。如图3-40 ~ 图3-42所示。

图3-40　竖向视觉流程示例，靳埭强版式设计作品

图3-41　竖向视觉流程的版式设计：中国元素国际创意大赛铜奖作品——在中秋，圆的想象

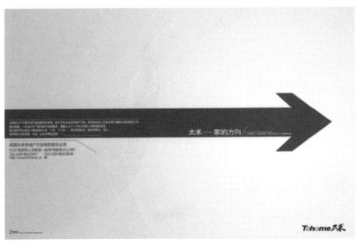

图3-42　横向视觉流程版式

除上述视觉流程之外，斜向视觉流程则容易使视线做不稳定的流动，以不稳定的动态引起注意。加上设计时的创意结合，往往能产生强烈动感和更加动态的视觉效果。设计时，可以根据主题大胆运用（图3-43、图3-44）。

图3-43 斜向视觉流程版式（1）

图3-44 斜向视觉流程版式（2）

二、曲线视觉流程

曲线是相对于直线的一种形式，有一定的弧度，包括曲线、折线、弧线等，可根据其角度自然流动。清晰的曲线造型可以形成回旋的视觉流程。这种流程方式更加灵活有韵律，能增加招贴设计的动感、节奏感和美感，如图3-45所示。

图3-45 以曲线视觉流程形成的版式设计

三、视觉中心流程

视觉中心是版面所要表达的重点位置，也就是人们关注画面的最中心的位置。视觉中心一般是通过特殊性来区别于其他视觉元素，做到吸引视觉、引导传达的作用。如跳跃的色彩、夸张的图形以及文字的字体、大小、位置的独特性等都能起到吸引视线的作用。心理学研究表明，一幅画面的视觉中心位于画面左上部和中上部的位置最能引起人们的注意，所要传达的信息重点应优先选在这里。如图3-46、图3-47所示。

图3-46 强调视觉中心的版式（1）　　　　　图3-47 强调视觉中心的版式（2）

四、反复视觉流程

相同或相似的视觉元素连续排列，可使视线产生有序的构成规律，沿一定的方向流动。相同或相似的视觉元素做渐变的组合排列，可使视线向远处深入，具有空间感和节奏感。这种流程方式能丰富版面内容，也能形成一种有规律的韵律美。反复视觉流程，其运动感虽不如单向、曲线、重心视觉流程运动感强烈，但更富于节奏和秩序美。如图3-48、图3-49所示。

图3-48 中国元素国际创意大赛　　　　图3-49 反复视觉流程版式形式在书籍设计中被广泛应用
铜奖作品——自由融合

五、散点视觉流程

在版式设计中，设计师很多时候会利用散点视觉流程的排版方式，没有固定的视觉流动线，强调一种感性、自由性、随意性、偶然性（图3-50）。

图3-50 散点视觉流程版式形式在广告设计中的应用

人们在进行观察和阅读时，视线有一种自然的流动习惯，最为普遍的就是从左到右，从上到下，从左上沿着弧线向右下方流动。这是人的视觉流程的一般规律。当然，这种视觉流程规律并不是一成不变的，设计师也可根据具体的需要重新设计新的视觉流程。一些聪明的设计师在设计作品时，应该学会用反常的思路去考虑设计作品的视觉感受，抓住主动因素，让观者按照自己的诱导移向下一个内容。使设计师所要传达的信息情感主动地传递于观者，从而取得最佳的视觉传播效果。

1.分别找几本杂志，根据本节讲述的原理分析杂志中的广告画面所采用了哪几种不同的版式设计流程形式。

2.在网络上找到上述相关版式设计流程形式的设计案例。

推荐网站：视觉中国、百度图片、艺术迷网、圆点视线等。

应用篇

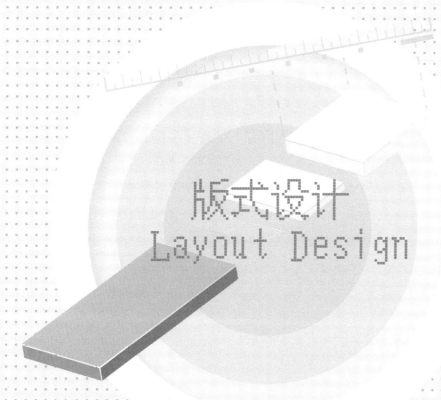

版式设计
Layout Design

版式设计
Layout Design

第四章
版式的设计与编排

现代版式设计与编排基本上都是建构在源于瑞士的网格体系上，之后随着时间的推移以及网格体系不断的发展完善，才发展出丰富的版式形态。网格体系的核心是以印刷字符的规格标准为模数。将二维平面或三维空间划分成若干区域，然后用这些区域作为组织设计素材的基本框架，建立合乎数理逻辑的版面整体秩序。这种形式的版面设计通常给人简洁、严谨、有条理的感觉，可帮助设计者创造出井然有序又富于对比和节奏的版面，提高版面的易读性，加强信息传递的效率。现代版式设计有如下几种基本类型，网格设计、自由设计、文字为主设计、图片为主设计等。

第一节　网格系统设计

网格系统设计又称为标准尺寸设计或比例版面设计等，网格系统设计强调比例感、秩序感、整体感、时代感和严密感，创造了一种简洁、朴实的版面艺术表现风格，曾对现代平面设计产生过广泛影响。随着版面设计的电脑化进程，网格构成设计越来越受到设计界的重视。网格最重要的作用就是约束版面，使版面有次序感和整体感。合理的网格结构能够帮助设计者在设计时掌握明确的版面结构，这一点在文字的编排中尤为重要。

网格系统设计的风格特点是运用数字的比例关系，通过严格的计算，把版心划分为无数统一尺寸的网格，将之分为一栏、二栏、三栏以及九宫格等更多的栏，把文字与图片安排于其中，使版面具有一定的节奏变化，产生优美的韵律关系。网格设计在实际运用中具有科学性、严肃性，但同时也会给版面带来呆板的负面影响。设计师在运用网格设计的同时，应适当打破网格的约束使画面活泼生动。

版面设计中的网格系统设计形式上可以分为水平构成、垂直构成、倾斜构成三种类别，基本设计形式如图4-1所示。

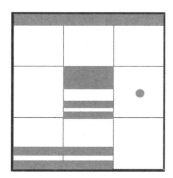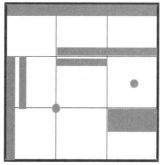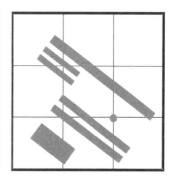

图4-1 网格系统设计形式

网格设计程序的原理分解为三步：① 创建网格。② 依据网格自由选择使用方式。在使用中，可以将每一个网格单元都加以利用，也可以只利用部分网格单元。在每个网格项中，既可以全部占满，也可以部分利用。③ 脱格完成。将网格利用完成之后，删除网格，留下内容。网格主要表现为对称式网格和非对称式网格两种。

1.对称式网格

所谓对称式网格就是版面中左右两个页面结构完全相同，有相同的内页边距和外页边距，对称式网格是根据比例创建的，而不是根据测量创建的。对称式网格的主要作用是组织信息，平衡左右版面。对称式栏状网格分为单栏、双栏、三栏、四栏甚至多栏网格等，如图4-2所示。

2.非对称网格

非对称网格是指左右版面采用同一种编排方式，但是并不像对称式网格那样严谨。非对称网格结构在编排过程中，可以根据版面需要调整网格栏的大小比例，使整个版面更灵活有生气，非对称网格主要分为非对称栏状网格与非对称单元格网格两种。如图4-3所示。

图4-2 对称式网格设计

图4-3 非对称网格设计

　　合理地运用网格不仅使版面灵活多变，而且更能体现设计风格。网格的形式复杂多样，在编排版面的过程中设计师发挥的空间很大。各种各样的编排结构都可能出现。网格设计的主要特征是，能够保证版面的统一性。在版式设计中，设计师根据网格的结构形式，能在有效的时间内完成版面结构的编排，从而快速地获得成功的版式设计。一个好的网格结构可以帮助设计师明确设计风格排除设计中随意编排造成失败。网格系统版式设计如图4-4～图4-8所示。

图4-4 网格系统版式设计（1）

图4-5 网格系统版式设计（2）

图4-6 网格系统版式设计（3）

图4-7 网格系统版式设计（4）

图4-8 网格系统版式设计（5）

第二节　版式的文字编排设计

一、文字编排在版式中的作用

在版式设计中，文字和图片是主要构成要素。"文字"是人类沟通的重要媒介。在设计领域里，文字也早已成为视觉传达的重要途径，当今的文字编排已经是版式设计中表现艺术美感的重要载体。文字和图形排列组合的好坏，文字与图形有机合理的结合都是增强视觉传达效果，提高作品的诉求力，赋予版面审美价值的必需手段，也会直接影响着版面的视觉传达效果。

文字编排是一种艺术创作过程，是艺术地将平面中的文字组成要素加以重新组合调度，并在结构及色彩上作整合安排的一种视觉传达方式，它是一种重要的视觉传达语言。

字体的设计及运用字体的设计与选用是版式设计的基础，现代版式设计几乎全部与电脑设计软件相结合，电脑中汉字字体种类也逐渐丰富多样。除较常用的黑体、宋体外，还有准圆、书宋、空心、立体、琥珀、行草等多种多样的字体出现。虽然可供选择的字体很多，但在同一版面上，使用几种字体尚需精心设计和考虑。

不同的字体有不同的造型特点，如清秀的楷体、醒目的黑体、苍劲古朴隶书体等。在版式设计中，文字的设计首先要进行字体的选择。我们可以将字体本身看成是一种艺术形式。字体的选择与处理跟颜色、版式、图形等其他设计元素的处理一样都非常关键。对于不同的内容应该选择不同的字体，用不同的字体特点去体现特定的内容。如一般情况下：标题文字多选择醒目、清晰、简洁的黑体、综艺体等；正文常用字体清秀的宋体、仿宋、楷体等。同时，在整个版面中不同的字体形成不同强弱、不同虚实的对比（图4-9、图4-10）。

图4-9　利用不同英文字体构成的版式设计

图4-10　国外报纸版式的文字编排方式

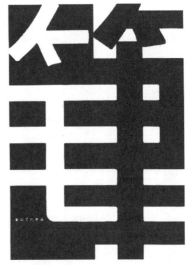

图4-11　靳埭强先生直接运用字体设计而成的版式作品

中文常用的字体主要有宋体、仿宋体、黑体、楷书四种。在选用字体时，可以考虑加粗、变细、拉长、压扁或调整行距来变化字体大小，同样能产生丰富多彩的视觉效果（图4-11）。在实际设计中我们往往会发现，字体使用越多，整体性往往也会越差。

进行版式设计之前，可以用字体来更充分地体现设计中要表达的情感，字体选择首先是一种感性、直观的行为。但是，无论选择什么字体，都要依据平面设计的总体设想和阅读者的需要。在同一平面中，字体种类少，版面雅致，有稳定感；字体种类多，则版面活跃，丰富多彩。关键是如何根据平面内容来掌握这个比例关系。

其次，文字面积的变化在版式设计中也起着举足轻重的作用，直接影响整个设计画面的美感。在平面中常把文字面积化，就是把画面中的文字根据方案单元的数量和内容进行面积的编排。通过文字面积的大小变化，使文字形成大小面积不相等的组合，使画面中的文字部分出现弹性的点、线、面布局，从而为版面的编排创造紧凑、舒畅等不同的效果。合理的文字面积布局可以使读者阅读负担减轻，并增加阅读兴趣，同时可以使平面的版式产生节奏、韵律和视觉冲击力（图4-12、图4-13）。

图4-12 网页版式的文字编排应用效果

图4-13 纯文字版式的编排应用效果，适当的变化增强了版面的可读性

二、文字的编排方式

现代版式设计所注重的更多的是设计感和内涵的表达，所以注重文字的编排和文字的创意，成为版式设计中传达现代感的一种方法。设计师不应放过在有限的文字空间和结构中进行创意编排，而应赋予编排更深的内涵，提高版面的趣味性与可读性，克服编排中的单调和平淡。

在一般的书籍报刊版式编排中，文字的编排主要有如下几种方式。

（1）左右均齐

文字从左端到右端的长度均齐，字群显得端正、严谨、美观。此排列方式是目前书籍、报刊常用的一种。

（2）齐中

以中心为轴线，两端字距相等。其特点是视线更集中，中心更突出，整体性更强。用文字齐中排列的方式配置图片时，文字的中轴线最好与图片中轴线对齐，以取得版面视线的统一。

（3）齐左或齐右

齐左或齐右的排列方式，齐左显得自然，符合人们阅读时视线移动的习惯；相反，齐右就不太符合人们阅读的习惯及心理，因而少用。但以齐右的方式编排方式使版面显得新颖。

（4）文字绕图排列

将图片插入文字版中，文字直接绕图形边缘排列。这种手法给人以亲切自然，又融合、生动之感，是文学作品中最常用的插图版式形式。

（5）标题与正文的编排

在进行标题与正文说明文字的编排时，可先考虑将说明文字作双栏、三栏或四栏的编排，再进行标题的置入。将说明文字分栏，是为求取版面的空间与弹性、活力与变化，避免画面的呆板以及标题插入方式的单一性。标题虽是整个画面的标题，但不一定千篇一律地置于段首之上，可作居中、横向或者竖边等编排处理。有的还可以直接插入字群中，以求新颖的版式来打破旧有的规律。

（6）文字的整体编排

文字整体编排时，其位置要符合整体要求。文字在画面中的安排要考虑到全局的因素，不能有视觉上的冲突。否则在画面上主次不分，很容易引起视觉顺序的混乱，而且作品的整个含义和气氛都可能会被破坏。细节的地方也一定要注意，有时候，一两个像素的差距甚至也会改变整个作品的味道。在整体编排中，首先是强调文案的群组编排。将文案的多种信息组织成一个整体的形，如方形或长方形等，其中各个段落之间还可用线段分割，使其清晰、有条理而富于整体感。文案的群组化，避免了版面空间散乱状态。其次，在图形配置时，应该注重主体突出和版面空间的统一（图4-14～图4-16）。

在版式设计中，文字编排不仅仅是对文字视觉形态的再设计，重要的在于综合应用。依靠文字形态变化进行版面有组织的编排，从而达到信息传达与视觉美感传达间的兼容并蓄。

图4-15 散落式的文字编排应用效果

图4-14 报纸版式中的文字编排应用效果，块面效果明显

图4-16 招贴中的文字编排版式应用效果

从功能上出发，文字通过个性化设计，可进一步调动其能动价值，将平铺直叙的信息转化为对信息的渲染与衬托，使信息更为有效地传递给受众。在形态上，文字是诉诸视觉的造型艺术，其"造型"的属性决定了它作为视觉语言所特有的形式与内容，而文字的造型结构设计，是通过艺术的组织过程演化而来的形体，是视觉语言的重要表达方式。比如，可口可乐新启用的标志设计，中文字体的设计兼备了英文斯宾瑟字体的图形特征，在文字笔划的起笔、落笔处转化为波浪形飘带图案，斯宾瑟字体书写的白色英文套上了一层银色边框，从而更加强调了两种字体造型特征的协调、以其特有的表现方式塑造出个性化的品牌视觉标识，并使品牌很快得到消费者的识别，文字赋予了品牌个性的魅力（图4-17）。

版式设计中文字编排的个性化要求是不尽相同的。文字是画面中的能动因素，是比图案、色彩更为直接传递信息的手段，其应用在包装装潢、商业招贴等领域能更为突出体现其能动价值。在商业设计中，用文字作为标识受到认可的案例不胜枚举，如"IBM""海尔"等标识（图4-18、图4-19），文字个性化的视觉表现形式可树立企业的精神理念，为企业带来了相应的商业价值。因此在版式设计创作过程中，应该有意识调动文字的能动性，产生出个性化、风格化的版式设计作品。

三、图形与文字的编排对比

好的版式设计，会特别注意处理图片、文字与背景之间的对比关系，以此加强平面版式的空间张力，创造出构图的重点和趣味。图形与文字的对比关系如下。

1. 大与小的对比

大与小是相对而言的，就造型艺术而言，运用大小对比会产生奇妙的视觉效果。版式设计中，图片与文字之间，在"面"的关系上可以进行大小之间的对比，大小弱对比，给人温和沉稳之感；大小强对比，给人的感觉是鲜明、强烈、有力（图4-20、图4-21）。

图4-17　可口可乐启用的新标志设计

图4-18　IBM的标志设计

图4-19　海尔的标志设计

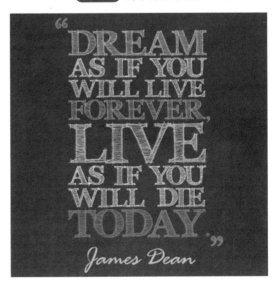

图4-20　单纯运用文字大小对比的版式设计

2.明暗的对比

版式设计中，黑与白、虚与实、正与反，都可形成明暗对比。图片与文字之间形成黑与白的对比，即在黑的背景下放置亮的物体的对比；或者在白的背景下，放置暗黑的物体对比；也可以黑里有白，白里再有黑的反复进行对比，产生出奇妙的光与影的视觉效果（图4-22、图4-23）。

图4-21 运用图片文字大小对比的版式设计

图4-22 运用明暗对比及正负形关系的版式设计

图4-23 运用明暗对比的版式设计

3.曲与直的对比

图片与文字之间在外形上进行曲与直、圆与方的对比，会给观众留下强烈而深刻的印象。在许多圆中放一个方形，方会显得尤为突出；曲线的周围是直线，则曲线给人印象强烈，这些编排设计中的巧妙运用，会收到事半功倍的效果（图4-24～图4-26）。

图4-24 运用曲线对比的版式设计

4.动与静的对比

版式设计中，常把富有扩散感或具有流动形态的形状以及散点的图形或文字的编排称作"动势"，而把水平或垂直性强的、具有稳定外轮廓形的图片或文字称作"静势"。设计中，要有意识地使静态平面具有"动势"感觉（图4-27）。

5.疏与密的对比

疏密对比是指版式中编排元素的密度分布方式不同。某种元素可能在一个版面中的某一区域中密集分布，而在其他区域少量散落，这样就会形成不同的疏密对比版式形式（图4-28、图4-29）。

图4-26 运用曲线直线对比的版式设计

图4-27 塑造动感的书籍封面版式设计

图4-25 运用直线的版式设计

图4-28 运用疏密对比的版式设计

图4-29 运用文字疏密对比的版式设计

6.虚与实对比

将次要的辅助的景物隐去，使主体表现物更加突出。这种手法经常在摄影中用到。运用在版式的编排设计时可以取得相同的效果（图4-30、图4-31）。

图4-30 运用虚实及敏感对比的版式设计

图4-31 运用虚实对比的版式设计

各类对比关系在版式设计学习中的重要的内容，对比可以形成节奏，使视觉有主次关系并形成阅读的流程。增强版式设计的趣味性和可读性，使人过目不忘，对比才可能产生视觉愉悦，增强版式的"眼球效应"（图4-32 ～图4-35）。

图4-32 运用明暗对比的书籍封面版式设计，单纯而醒目地点名主体

图4-33 充分运用了明暗、色彩、大小对比的招贴版式设计，主题突出而醒目

图4-34 这是2009欧洲设计大奖书籍封面类金奖作品，书籍封面的版式充分运用了明暗、色彩、大小对比，趣味性的文字组合将系列书籍的版式融为一体，使人耳目一新

图4-35 此作品由两条对齐线构成双轴线版面，使阅读清晰流畅，形式感上获得非对称式的平衡美。巧妙的对比关系应用在各段文本属性中，包括字体、字级、行距等，让版面看起来更具层次，理性而精致

四、图形与文字编排的基本形式

版式设计中，图形与文字之间的分割编排方式主要有以下几种形式。

1.上下分割

平面设计中较为常见的形式，是将版面分成上下两个部分，其中一部分配置图片，另一部分配置文案（图4-36）。

2.左右分割

左右分区容易产生崇高肃穆之感。由于视觉上的原因，图片宜配置在左侧，右侧配置小图片或文案，如果两侧明暗上对比强烈，效果会更加明显（图4-37）。

3.线性编排

线性编排的特征是几个编排元素在空间中被安排为一个线状的序列。竖向、横向或任何给定角度的一行元素都可以产生线状。线不一定是直的，可以扭转或弯曲。元素通过距离和大小的重复互相联系，运用这种方式构成的版式，会使人的视线立刻集中到中心点，且这种

图4-36 上下分割式排版

构图具有极强的动感（图4-38）。

4.重复编排

把内容相同或有着内在联系的图片重复，会产生流动的韵律感。尤其对较为繁杂的对象，通过比较和反复联系，使复杂的过程变得简单明了。重复还有强调的作用，使主体更加突出，重复编排的特殊版式是渐变重复。渐变也指一个单元形在形状、位置、方向或比例上的转换，通常用于在编排中创造逐渐变大的多个形，这些形通常按规律间距排列，也可以按照增加或减小的密度来排列（图4-39～图4-41）。

图4-37　左右分割式排版，书籍内也中常用的版式设计方式之一

图4-38　线性编排版式

图4-39　重复编排版式

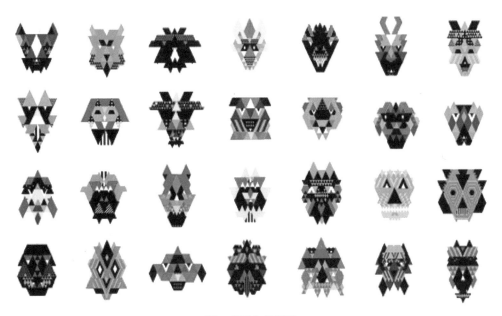

图4-40 重复编排版式，2009年欧洲设计大奖品牌策略实施类金奖作品

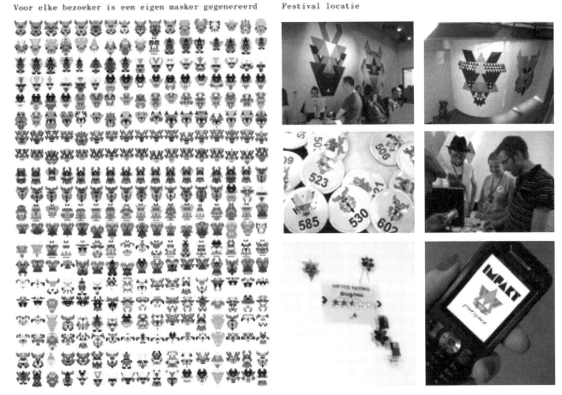

图4-41 重复编排版式，2009年欧洲设计大奖品牌策略实施类金奖作品

5. 以中心为重点的编排

中心编排是稳定、集中、平衡的编排方式，用于营造空间的"中心感"效应。这是因为人的视线往往会集中在画面的中心部位，产品图片或需重点突出的内容配置在版面中心，会起到强调作用。如果由中心向四周放射，可以起到统一的效果，并形成主次之分（图4-42）。

6. 对称与均衡的编排

编排元素之间在版式中以对称或均衡的形式表现，一般在刻意强调庄重、严肃的时候，对称的编排才会显出高格调、风格化的意向，对称和均衡的编排方式在各类版式设计中都有大量运用（图4-43）。

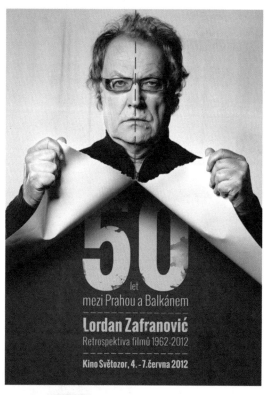

图4-42 以中心为重点的版式编排　　　　图4-43 对称的版式编排方式

7. 重叠编排

重叠编排是指编排元素间上下重叠、覆盖的一种编排形式。元素之间由于重叠易影响识别性，因此，需要在色彩、虚实、明暗、位置之间进行调整，以便相得益彰而又层次丰富（图4-44、图4-45）。

8. 边框式编排

这种版式编排常用于信息量大的设计之中，编排方式有两种，其一为文案居中四周围以图形；其二为图形居中四周围绕以文案（图4-46）。

9. 散点式编排

散点式编排是指版式采用多种图形、字体、图形等使画面富于活力充满情趣。散点组合编排时，应注意图片大小、主次的配置，还应考虑疏密、均衡、视觉引导线等，尽量做到散而不乱（图4-47、图4-48）。

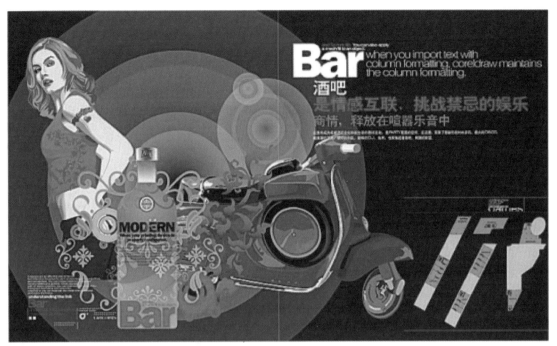

图4-44 重叠版式编排方式（1）

图4-45 重叠版式编排方式（2）

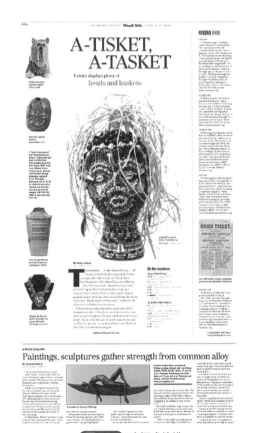

图4-46 边框式编排

图4-47 散点式编排（1）

图4-48 散点式编排（2）

第三节 版式的图片编排设计

图4-49 音乐海报

一、图片位置的选择

图片的放置位置是整体版式设计的重要一步，只有确定了合适的图片位置，其余元素的添加和协调才有标准和参考。一般来说，为了获取尽量协调的背景，图片不能放置于画布的四角。如果是单张图片，且图片与画布的尺寸相差不大的话，可选择将图片置于画布中央，而多张图片则能采取更丰富的排布变化。一般来说，对于主题有延续性的组图，选择多张同列的方式可以起到强化表达的效果（图4-49）。

有时版式设计中为了充分应用照片的亮点或者寓意，会把照片作为主要元素进行版式设计。常用的方式是给相片加边框等，来增强照片的艺术效果，实际上也就是一种最简单的排版。尤其在很多网站上应用很多。在用照片作为基本元素进行版式创作的首要原则是主次分明，照片永远都必须占据主体地位，其余任何元素的作用都只是平衡和协调（图4-50～图4-52）。

图4-50 增加照片效果的简单版式设计

图4-51 增加照片效果的版式设计（1）

图4-52 增加照片效果的版式设计（2）

二、背景的颜色和质感

版式设计中背景颜色和图片搭配关系业尤为重要。画面的颜色应同图片的整体色调保持和谐。一般来说，画面背景色的明度不宜过高，以免喧宾夺主。处于黑白之间的灰是最好的万能搭配色，也是版式背景的安全选择色。当然如果尝试塑造强对比的形式，也可以大胆尝试高明度的对比（图4-53、图4-54）。

图4-53 灰色调的背景和质感效果增强了
版式设计的稳重感

图4-54 人物背景颜色和边框黄色
的高明度对比增强了封面的特殊意味

三、其他元素的添加

　　版式设计中点睛之笔往往是文字等其他元素的添加。一般文字是最主要的"其余装饰元素"，千变万化的电脑特效字体本来就拥有极强的装饰设计感，只要恰当使用，这些元素成排成堆集体出现总是极具表现力的。如果觉得设计感还不够强烈的话，加入适当的符号和小图标也是解决方法。需要说明的是，无论是文字还是符号，一般都需要与背景的色彩区分开来，可尝试鲜亮一些的颜色。

　　添加装饰元素的关键还是在于权衡和取舍，最合适的设计并不是各种装饰手法的罗列，相反，"少做加法，多做减法"才能获得最满意的效果（图4-55～图4-58）。

图4-55 第20届法国肖蒙国际海报节获奖
作品，基本图形之外就是黄色块和小的文字
作为阴影的运用，切合主题且相得益彰

图4-56 某个人网站版式设计，以适当利用
装饰元素来"点睛"的典型版式设计实例

图4-57 某网站版式设计，以适当利用装饰元素来"点睛"的典型版式设计实例

图4-58 2009年欧洲设计奖——评审团大奖，以适当利用装饰元素来"点睛"的典型版式设计实例

　　一般来说，无论在背景与文字上还是背景与图像上，如无色相冷暖的对比，会让人感到缺乏生气；无明度深浅对比，会让人感觉沉闷；无纯度对比，会让人觉得古旧和平俗。当然凡事不能绝对，上述这些图片与文字的结合版式设计只是一般性设计原则，有时采取截然相反的手法，如果搭配得当反而能取得更好的视觉冲击力。

 案例与实训

　　1.根据本章所学内容，随意找一张报纸，对其文字与图形进行版式的编排和再设计。并充分考虑对比关系的运用，图片位置的放置等因素。要求：以手绘形式完成三张以上的作业。

　　2.找一张自己拍摄的照片或者网络摄影作品，分别进行主题、群组文字、其他装饰元素等的添加，最后形成一张电子稿的版式设计作业。要求：上机操作不少于1课时。

版式设计
Layout Design

第五章
版式设计的应用

　　版式设计在传达信息的同时也使人产生感官上的美感，是技术与艺术的高度统一。版式设计的风格、形式、方法、理念等随着时代的发展而不断变化，其设计原理和理论已贯穿于整个平面设计领域，成为视觉艺术的一种公共传达语言。

　　在人们的日常生活中，各式各样的版式设计应用相当广泛，从我们每日所需的食品的外包装到阅读的大量报纸、精美杂志，从街头看到的海报宣传招贴、各式灯箱广告到商店里的POP广告、各类网络页面、DM广告、名片设计等都涉及版式设计的相关内容。

第一节　书籍版式设计

书籍版式设计是平面设计中的重要内容，也是一种实用性很强的设计艺术，主要是以传达某种思想或认知为目的，因而和报刊、海报、网页等其他设计种类相比内容上更具持久性。随着图书市场的进一步放开以及人们对于各种知识的强烈渴求，书籍的种类日益增多，内容也更加深入，同时也为设计师充分展示个人的设计风格提供了广阔的空间。

我国的书籍装帧及版式设计经历了一段时间的发展，从对国外设计作品的盲目崇拜，到现在趋于理性，已经逐步走向成熟。初期，对国外一些优秀平面作品的模仿、抄袭、照抄，对大量国外设计资料的依赖，帮助我们迅速了解国外先进设计理念与方式，但也很快显露出与中国国情不相匹配的问题。因此，众多设计师注意到了这一点，对于传统文化也给予了更多的关注，我们能欣喜地看到在很多的版式设计中，中国的传统元素已被运用得相当精彩，呈现出鲜明的中国特色。如图5-1～图5-3所示。

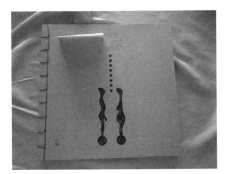

图5-1　中国传统线装书籍
形式被重新加以运用

图5-2　中国的传统文
化元素和现代观念结合
书籍封面版式设计

图5-3　有民族特色的
书籍装帧

不管在国内还是国外，书籍版式设计都是有章可循的。书籍大致由以下几个基本要素组成：封面、封底、书脊、扉页、勒口、目录页、版权页、正文等（图5-4、图5-5），而这些也是我们欣赏一本书美观与否的主要参考依据。另外，在书籍版式设计中，开本的大小对整本书籍的装帧、内页的布置安排也都有重要影响。下面我们就来认识一下这些常用书籍装帧术语。

扉页：内容与封面基本相同，一般常加上书名、著译者、出版年份和出版社等。扉页一般没有图案，大多与正文一起排印。

目录页：通常包括整本书的各个章节及名称，并且按序排列每章节所在的具体页数。

书脊：即书的侧面用来连接封面和封底的部位（图5-6）。

版权页：又叫版本说明页，主要供读者了解书的出版情况，便于以后查找。一般印在扉页的反面或者最后一页的下部。版权页上通常印有作者名、书名、出版社、发行者、印

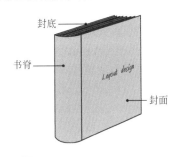

图5-4　书籍装帧中的部分名称示意图

刷厂、开本、版次、印次、书号、字数、印张等内容。其中印张是印刷厂用来计算一本书排版和印刷纸张的基本单位，一张全张纸印刷一面叫一个印张。

开本：开本是指版面的大小，它以一张全张纸为计算单位，每全张纸裁切和折叠多少小张就称多少开本。目前我国习惯上对开本的命名是按照几何级数来命名的，常用的分别为整开、对开、4开、8开、16开、32开、64开不等（图5-7）。

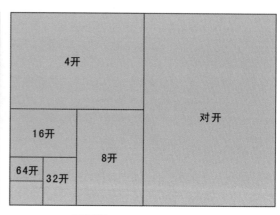

图5-5 装帧完整的书籍样式　　图5-6 精美的书脊设计　　图5-7 比较常见的开本形式

一本书籍除了封面、封底、扉页、目录、环衬、前言、正文等几个部分的内容以外，书籍中每页的正文还有其他若干构成要素，比如版心、天头、地脚、书口、订口、栏、页码、页眉等。

版心：版心是页面的核心，是指图形、文字、表格等要素在页面上所占得面积。一般将杂志翻开后两张相对的版面看作是一个整体，来考虑版面的构图和布局的调整。版心的设计主要包括版心在版面中的大小尺寸和版心在版面中的位置两个方面。版心的大小一般根据书籍的类型来定：画册、杂志等开本较大的书籍，为了扩大图画效果，很多都采用大版心，乃至出血处理，画面四周不留空间。字典、资料参考书等书籍，由于仅供读者查阅用，再加上字数和图例相对较多，也比较厚，因此应该扩大版心，缩小边口。相反，诗歌、经典类书籍则应采用大边口、小版心为好。

天头：是指每张页面的上端空白处。

地脚：是指每张页面的下端空白处。

订口：是指靠近每张页面内侧装订处的空白处。

书口：指靠近每张页面外侧切口处的空白处，一般比订口要宽些，以方便翻阅的需要。

栏：是指由文字组成的一列、两列或多列垂直的印刷体，中间以一定的空白或直线隔开。书籍一般有一栏、双栏和三栏等几种编排形式，也有通栏跨越两个页面的。

页眉：是指排在版心上部的章节名、文字及页码，一般用于检索篇章。

页码：在书籍正文的每一面都排有页码，用于表示书籍的页数，通常页码排于书籍切口的一侧。

作为一名平面设计师，如果想设计出优秀的书籍版式，仅仅会熟练地使用各种字体、字号的大小排列或者掌握基本的印刷技术知识是不够的，还要求具备比较丰富的素养，有比较敏锐的审美观点，有创造性的思维方式。同时，对于版式设计相关的技术知识也要有一定的了解和掌握。一个具有个人风格且新颖的版式设计，总是能摆脱规范化的、习见的常规束缚，将那些平淡无奇的字体、字号、线条、空白、行距等基本构图元素，紧紧围绕烘托图书内容这一目的需要，经过有序组合与编排，运用形式美的法则，来进行版式设计的操作，形成与众不同的空间关系，给阅读者留下深刻的视觉印象。

在明确了一本书的各部分名称后，如果想要完整地完成一本书籍设计，需要有下列步骤。

1.主题确立

书籍设计的终极目的是传达信息，确立主调是完成书籍设计迈出的关键的第一步。深刻理解主题是信息传达之本，随后才可以进入以下各个阶段，将司空见惯的文字融入自己的情感，并有驾驭编排信息秩序的能力，掌握感受致深的书籍设计丰富元素，并能找到触发创作兴趣点并设立书籍的主题（图5-8）。

图5-8 主题与书名的贴切结合

2.形态定位与元素应用

在书籍整体设计中，要强调贯穿全书的视觉信息元素的准确把握能力。要想塑造全新的书籍形态，首先要拥有对书籍造型创新的意识。要创造符合表达主题的最佳形式，适应阅读功能的新的书籍造型，最重要的是必须按照不同的书籍内容赋予其合适的外观。对内容精神的理解和合适准去的元素应用，才是书籍形态定位的标尺（图5-9）。

图5-9 书名和封面元素的应用，很好地表达了封面版式的氛围

3.语言表达与视觉化呈现

语言表达是书籍情感互动的中介。书籍设计的语言表达由诸多形态组合而成，比如书面文字语言、信息逻辑语言、图文符号语言、传达构架语言、书籍五感语言、质材性格语言，等等，均

图5-10　封面版式的视觉化呈现

在创造书与人之间令读者感动的书籍语言。而将这些语言物化和视觉化呈现给观者，才是化书籍之美的本质体现。理解和掌握视觉物化过程是完美体现设计理念的重要条件。通过书籍设计将信息进行美化编织和使书具有丰富的内容显示，并以易于阅读、赏心悦目的表现方式传递给受众，为读者创造精神需求的空间，将创造视觉、触觉、听觉、嗅觉、味觉五感之阅读愉悦的书籍，并为读者插上想象力的翅膀（图5-10）。

不过，虽然任何一本书的表现风格或形式如何，都离不开为图书内容服务的目的。但每本书又都有其独特的魅力，图书版面也应该具备各式各样的可塑性、丰富性。"千书一面"的版式设计显得刻板、平庸，容易使人读起来乏味。最终导致读者对书的内容失去阅读的兴趣，一本好书因而就有被闲置的可能。相反，一本书如果能具有独特的版式设计，就能在很短的时间内捕捉住消费者的眼球，诱导读者一步一步逐渐进入阅读佳境，在不知不觉之中遍览全书，这也是一位优秀的平面设计师所要达到的最终目的（图5-11～图5-15）。

图5-11　书籍封套和封面的强对比更佳切合全书的意味　　图5-12　强对比的书籍封面版式效果

图5-13　强调书籍封面图案美感的版式效果

图5-14　以衣扣和布的造型在材质上展示了书籍的标新立异之处

图5-15　书籍设计语个性化应用

报纸版式设计主要是指在报纸版面上进行的各种内容的编排布局。一份报纸是否具有吸引力，在短时间内抓住消费者的眼球，很大程度上取决于版面的设计形式。在报纸版式设计中，一定要强调突出报纸的个性风格特征，使读者在短时间内就能感受到报纸编排的创新之处，进而感受到报纸对待新闻的态度或观点，也可能是报纸广告的创意程度及吸引力。另外，一份版式设计成功的报纸，也应该能让读者在众多报纸中，不用看报头就能知道报纸的名字以及版面的名字，这才是报纸版式的个性所在（图5-16 ～图5-18）。

图5-16　强调报纸版面上半部分的内容，突出报纸中图片的作用，已经成为激烈竞争的现代报纸业吸引消费者的常用手段

图5-17　在报纸版面设计时，要充分结合报纸的实际内容进行不同版面形式的编排。如编排新闻版的版面时，要尽量保证版面清晰、稳重，使阅读者的视线不要受到干扰

图5-18　在编排娱乐、体育版的版面时则要通过一些有趣的图文混排的方式，让读者感受到一种丰富多样、健康的生活方式

在具体设计中，版面的布局和编排可以根据版面内容的需要，突破传统的版式编排规则，进行大胆的创新和改革。通常在看报纸时，可能很多人都有这样的阅读经验，首先大致浏览一遍报纸的整体面貌，再将自己的视线聚集在有吸引力的某一处进行详细的阅读，然后再沿着一定的视觉流程将整版报纸读完。针对人们的这种阅读习惯，我们可以在报纸编排中加大版面的视觉中心，让人在较远的距离外目光就能被吸引，使你所设计的报纸在多张报纸中成为关注的焦点。关于怎样增强报纸版面的视觉中心，通常采用以下几种方法。

图5-19 国外报纸版面的广告设计

图5-20 国外报纸版面的体育栏目编排设计

1.增加报纸篇头部分的吸引力，突出头条新闻的内容

一般来说，报纸在零售点销售时大多都要将报纸对折后展示，这时，一份报纸上半部的篇头部分醒目与否就显得尤为重要了。在篇头中常包括报纸的名称及当天的头条新闻等内容，可以将报纸名称字体增大，增加字体间的色彩对比，或者加大头条中的图片等手法，尽量把整篇报纸的上半部分内容突显出来，使匆忙路过的人的视线能快速被报纸内容所吸引，从而诱发其购买欲望。

2.在报纸中突出图片的作用

在现代社会各种信息的传达中，图像的作用越来越受到重视，人们对图形的依赖也逐渐加深，这一切预示着一个读图的时代已经到来。无论是在杂志、书籍设计里，还是在各类报纸、海报、包装、DM卡片设计中，图像在版面中所占的位置越来越大，图文混排的形式也更加丰富多变。在报纸版式设计中，各种大小不同的照片安排得适当与否，对形成版面的视觉中心有着直接的关系，它在最短的时间内，以最少的笔墨就能牢牢抓住读者的眼球，增加报纸的购买力。

总之，报纸版面中视觉中心的形成能更好地调节、活跃版面，突出整张报纸中内容上的先后秩序及层次，使读者阅读起来视线更加流畅。不过，在一张版面中所强调的视觉中心不能太多，否则反而会干扰、分散阅读者的视线，显得杂乱无章，很难给人留下深刻的印象。

另外，在进行具体的报纸版面设计时，还要根据每个版面不同的具体内容来合理地安排文字和图像，牢牢把握住不同版面的不同内涵，以体现其独特的个性特征。比如，在进行新闻版的编排时，就要尽量使整版能体现出一种庄重、沉稳的面貌，使人读后能产生强烈的震撼、力量感，从而引发阅读者的深刻思考，产生共鸣；而在进行娱乐版的编排时，就要使整张版面显得活泼、生动、时尚，可以通过一些有趣的图文混排形式，使人感受到现代人丰富多彩的生活方式，在排版上和新闻版相比就可以自由得多。

由于报纸传达的信息量比较大，因此在进行版式设计时，要尽量简化各版面的视觉要素，给人感觉各篇文章之间轮廓分明、简洁明了。在国外，有些报纸的版面安排甚至是固定不变的，仅仅将文字、图片的内容每天进行更换，使读者阅读起来极为方便。当然，这种报纸的版面设计也是有明显缺陷的，比如长此以往，往往会显得单调乏味，因而失去了一份报纸最应该具有的新鲜感，最终使读者失去阅读的兴趣。下面几幅图片是国外的报纸广告版式设计摘录。对比之下我们不难发现其别致新颖之处（图5-19～图5-21）。

图5-21 国外报纸版面的艺术栏目编排设计

第三节　期刊杂志版式设计

　　期刊杂志版式设计是一种介于书籍和报纸之间的版式设计，它既有书籍的样式又兼有报纸的时间性，大都按照一定的时间定期出版发行，有周刊、月刊、双月刊、季刊等几种形式。

　　由于现代社会中人们生活节奏的加快及竞争压力的增大，翻阅各类休闲娱乐杂志也成了很多人在工作之余的放松方式，人们对于阅读及欣赏要求也趋于多样化。内容涉及人们日常生活的方方面面，从娱乐、影视、新闻、时装、美容到汽车、家居、电子产品等等，各种内容的期刊杂志极大地丰富了我们的日常生活。

　　而当今，在数量众多竞争激烈的期刊杂志行业中，如何将自己的杂志个性特征体现出来，形成一种别人都无法模仿的独特风格，牢牢抓住消费者的目光，进而拥有一批忠实的读者群，这些都是目前期刊杂志所日益关注的问题。而提高杂志版式设计的品位，增加杂志印刷质量的精美程度，增强杂志内容的可读性、趣味性，增大期刊杂志的开本等都成为期刊杂志张扬个性以及提高销售量的重要手段。如图5-22 ～图5-25所示。

图5-22 瑞丽杂志的封面版式

图5-23 长期保持一致的封面形式的《读者》使人倍感亲切

图5-24 采用趣味化的构图方法，用来提高杂志的可读性和吸引力，是杂志促销的一个重要的手段

图5-25 《瑞丽》杂志的内页，通过增加图片的数量，加大图片在版面中所占的位置，提供更多时尚服装搭配的方法，吸引了很多年轻女性争相购买，有效地提高了杂志的销售量，形成了一批比较忠实的杂志品牌拥护者

期刊杂志的内容比较丰富，涉及的范围也较为庞杂，在很多的杂志版面中除了文字外还包含了大量的图片信息，因而其版式设计大多在栅格的基础上编排而成。所谓栅格，是指整张版面在视觉表现上的骨骼框架。无论版面上有多少内容，准备放置几张图片，可以分成几栏，它们都必须遵循一定的原则，在事先就构思好的框架内进行编排，这样制作出的杂志版面在视觉上才能具有整体感。

另外，在具体进行期刊杂志的版式设计时，还要充分考虑到读者的心理感受，通过与读者的沟通，力求在读者中形成良好的口碑，树立优良的品牌形象，这些因素是一种杂志在激烈的竞争中占有一席之地的重要手段。而版式设计的优劣也已经成为期刊品牌形象策略的一个重要组成部分。

针对不同期刊杂志的不同特点进行有针对性的版式设计，最终达到内容和形式的完美统一，同样是在具体设计时值得认真关注的问题。期刊杂志的品类繁多，大多也都具有各自独特的风格特征和消费对象，在设计时要紧紧把握住所面对人群的年龄、身份、阅读喜好等特点进行合理的版面编排。比如，在我国销售量比较大的杂志《读者》（图5-26）《瑞丽》等，它们就从读者定位和版式与内容的结合上很好地形成了自己的固有风格，赢得了市场。

此外，对于一些设计类或者内容比较前卫的杂志，如《艺术设计》《VISION-青年视觉》（图5-27）等。在进行这类杂志的版式设计时，设计师可以充分动用各种设计语言来自由地体现你的巧妙构思，在设计编排中完全地张扬你的个性，同时这也是综合考验一个平面设计师创意能力、表现能力高低的最佳途径。

除报纸书刊外，各类广告为主的宣传画册和DM定投杂志也开始在生活中发挥着重要的作用，这类出版物，相对发行或定向投放范围

图5-26 《读者》杂志的封面　　**图5-27** 《VISION-青年视觉》杂志封面

较小，但内容信息量大多以特定的人群为直接目标，同时广告的信息较多，印刷精美，更加注重了版式设计和内容的编排（图5-28～图5-30）。

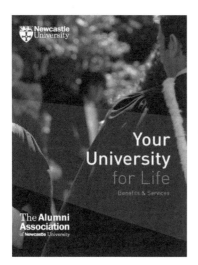

图5-28 国外定投杂志的内页

图5-29 中国移动的杂志广告版式设计

图5-30 国外杂志版式，针对特定品牌使人倍感亲切

第四节 招贴版式设计

图5-31 采用对称的构图方式，渲染了水对于地球的重要性

招贴设计又称海报设计，是平面设计中一项重要的内容。它最大的特点是篇幅较大，非常醒目，通常能在瞬间吸引观者的目光，达到广告宣传的目的。除此之外，招贴还因其印刷方便、成本较为低廉以及易张贴、更换便利、视觉冲击力强，阅读起来直接快速等优点。与其他广告媒体相比，具有不可替代性，故而在很多人流量较大的公共场合被广泛运用。比如学校、街市、商场、车站等地方，我们都能经常看到各种不同用途的招贴（图5-31～图5-35）。在当今社会中，广告招贴的作用已经被越来越多的人所重视。

图5-32 "文明北京，和谐奥运"招贴版式，采用强烈的色彩、分量感强的文字，
有结合了奥运的主体建筑形成了一种视觉上的张力，给人印象深刻

图5-33 韩国电影《生与死》的海报版式设计

图5-34 美国电影《第一滴血》的海报设计。图形与文字的搭配合理，恰当地展示了电影的主题情节

图5-35　国外海报版式设计

　　海报招贴虽然是以一种二维的静态形式存在，但我们依然可以利用它独有的特征，运用各种设计语言使整张招贴版面形成强烈的对比，从而刺激人们的视觉神经，向观者传达一定的信息，给人留下深刻的印象，在无形中影响到人们的想法、选择或消费行为。在平面设计中，招贴可算是最强调视觉冲击力的一种设计形式。招贴版式大多采用各种对比的手法来增强视觉强度，比如加大版面内各元素之间的色彩对比和文字图形之间构图上的大小对比，达到吸引人注意力的目的（图5-36）。另外，还可以通过一些与常理相悖的设计，或趣味化的，或夸张变形等风格特征各异的视觉形象，并且配合相应的文字说明，进行格调统一的构图个性的版式编排设计，最终突出招贴的主题内容和信息（图5-37、图5-38）。

图5-36　视觉冲击力强的主题海报

招贴根据其宣传内容及传达对象的不同，大致可以分为以下两类：社会公益性招贴及商业招贴。社会公益招贴，通常是指没有任何商业目的的，以宣传某种对人类及社会有益的，或以倡导一种健康的生活或行为方式为题材的招贴形式。比如：节约用水、爱护环境，或者以防御各种疾病为目的的招贴。商业招贴则以商家促销各类商品，用来满足消费者日常需要的内容为题材。当然，有些商家为了树立自己的企业形象，也会采用一些艺术性较强的招贴形式来体现企业所具有的高品位。

根据不同招贴所传播的内容不同，在进行具体设计时，招贴的形式及表达方式也会有所不同。一般来说，社会公益性招贴的视觉传达形式更为随意，设计师根据所要表达的内容，可以采用比较夸张、另类的视觉语言，对招贴内的各种文字、图形元素进行自由的取舍与加工，尤其是版面内文字的运用可大可小，数量也可多可少。因为这类招贴内容上所具有的思想性、深刻性，以及版面形式上的绝对自由，很多的设计师更愿意设计这类招贴来体现其独特的个人风格。

商业招贴和社会公益性招贴相比而言所受的约束要大得多。商业招贴最主要的功能是以传播商品的各种性能、产品特点、使用方式、技术和质地等内容为主。因此，在设计时要更加强调信息能快速、有效地传达给消费者，并且，配合其他的各种促销手段，打破人们的思维定式，对新产品产生兴趣从而达到刺激需求的目的。因此，在进行商业招贴的设计时，应该多以突出产品为主，利用比较大的文字、鲜亮的色彩、夸张的图形等手段刺激人们的视觉感受，进而吸引人们对产品产生关注，进而产生购买的欲望。

招贴设计和其他的媒介相比有很多的优势，比如，它具有视觉设计中的绝大多数基本要素，它的设计表现方法比其他媒介更全面、自由，更适合作为基础学习的内容，这些特点使其具有了更多的无可替代性。尤其在平面设计教学中，学生在学习了招贴设计的基础上再进行其他媒介设计的学习会更加有效得多。所以直到今天，招贴设计仍然被很多院校作为视觉传达和版式设计的重要学习内容（图5-39 ～图5-41 ）。

图5-37 这是1999年电影《惊魂记》的电影海报，图片和文字的巧妙结合让人从海报上读到的就是"惊恐"

图5-38 电影《美丽人生》海报，温馨的场景和画面中的阳光一样灿烂

这一天，也许并不遥远……

百威啤酒　可口可乐　七喜汽水

请珍惜水资源

idline: This day might not be far away.

ase conserve (our) water.

ONE WORLD ONE DREAM

2008-2012

The bird of the dream Fly from Beijing to London
ONE WORLD ONE DREAM

图5-39 "请珍惜水源"主题海报设计。通过干涸
荒凉的画面，将文字作为版面编排的装饰元素，
烘托出水源的重要性，使人深思

图5-40 这张招贴运用千纸鹤的造型
并将奥运相关元素融合在内，
奥运主题鲜明，形式新颖

图5-41 服装的招贴设计。这类在网络上常见的非主流版式形势，
以艳丽的色彩和动感十足的造型传达一种时代气息

第五节　包装版式设计

　　包装设计是指对各类产品的盛装容器和包装的外观所进行的设计。根据用途不同，通常将包装分为工业包装设计和商业包装设计两种。在工业包装设计中，一般强调包装对产品的保护功能。

工业产品的外包装大多造型简洁大方，不强调过多的装饰，尤其在色彩上大多采用单色印刷为主。在进行包装版式的设计时，通常会采用一些较为醒目的字体和标记来强调不同种类产品在装运、储藏中的不同需求。而在商业包装设计中则完全相反，除了基本的保护功能之外，大多采用各种奇特夸张的包装造型、生动形象的图形纹样以及新颖精致的版式设计来突出产品的特征和外观形象，吸引消费者的购买欲望，最终达到促销的目的（图5-42～图5-44）。

图5-42 工业产品的包装版式设计大多采用单一色调，造型简洁，不求过多装饰。字体要求清晰明了，大多用一些粗体字，要求具有醒目的效果

图5-43 在工业产品的包装箱上基本都印有一些特殊的标记，提醒搬运人员要特别注意的内容，以免在运输过程中造成不必要的损坏，影响产品的销售或造成经济上的损失

图5-44 在各种商品包装的设计中，除了满足基本的保护功能之外，还要求形态、色彩、版式设计新颖性和独特性，尤其是版式的运用也成为吸引人们购买产品的重要手段

在商品包装版式设计的诸多元素中，色彩的视觉冲击力最强，在具体设计中，各种色彩的运用可以激发起人们心理和情感上的不同感受，直接影响到对一种产品的最初印象，从而产生喜欢或者厌恶的感觉。据心理学研究，在进行食品类包装设计的时候，要尽量采用一些橙色、橘红色以及黄色等色彩。因为这类色彩容易刺激人们的食欲，促使其购买。而对于一些清洁卫生用品，人们更愿意购买那种以蓝色、绿色为主的冷色调的外包装设计，这种色彩能给人以一种洁净、清爽的视觉感受。如图5-45～图5-49所示。

图5-45 蓝色的洗化用品包装，外包装的色彩能给人带来一种清爽、洁净的心理感受

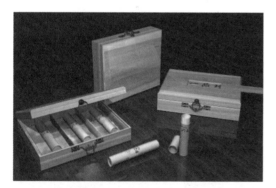

图5-46 茶叶的包装设计大多以表现古朴和清新的韵味为主

图5-47 国外某品牌咖啡的外包装设计，强烈的色彩对比和简洁的版式使整个产品既有浓厚的文化气息又不失现代感

图5-48 葡萄酒的包装设计

图5-49 化妆品包装设计

商品包装的版式通常也会根据具体设计对象的不同而进行风格多样的设计。在各种酒类的包装设计中，葡萄酒的包装和瓶贴的版式设计算是最讲究、最讲求格调的了，且不同国家的葡萄酒在瓶贴上所显示的内容也各有不同。一般而言，瓶贴上的内容大致包括酒厂名、酒庄名、葡萄品种、制造商、生产地、口味、酒精浓度及含量等。通过这些内容，我们对一瓶葡萄酒的大致情况就会有较为详细的了解，在对其进行版式设计时，这些元素都要在瓶贴和外包装上体现出来（图5-50）。

图5-50 CD的包装设计，形态各异的CD包装版式设计，充分展现出年轻人张扬的个性和多变的样式需求

还有一点需要强调的是，那就是越来越严重的商品过度包装现象造成了资源的惊人浪费。由于现在市场竞争激烈，商家除了利用价格因素竞争以外，还不断地更换新的包装，很多的产品竞争最终演变成了一场包装大战。最典型的就是各式精美的月饼包装，浪费到了令人吃惊的地步，混淆颠倒了包装本应具有最初目的。作为一名有社会责任感的设计师，除了做好本职工作之外，还应对其设计产品带来的社会后果担负起一定的责任，共同推动包装行业向美观实用、健康、可持续的方向发展。

第六节　网页版式设计

随着现代网络技术的飞速发展，互联网的个人应用也在逐步加强。网络改变了人与人之间的交往方式，对我们的日常生活及休闲娱乐方式都产生了重要影响。网页设计作为一种新的平面设计形式，受到更多人的关注和重视。它将图形、图像、文字、动画、音频及视频等多种元素结合在一起，使人的视觉、听觉都同时被调动起来，从而摆脱了以往平面设计中的二维静止状态，转而进入具有三维能动的视听空间，在人机之间构架了一座互动的桥梁。

网页版面设计通常是指在有限的屏幕空间内，将视觉、听觉各要素内容进行有序、有规划的合理编排，使人在了解信息的同时体验到一种美的视听感受。一般来说，一张网页上的构成要素包括标题、图形、目录等几种，它们在网页上所起的作用各不相同。标题大多是反映页面的主题；各种图片在网页中主要是起着吸引浏览者和更好地表现主题的作用；目录则主要是为了更好地表达网页内容，将杂乱无章的网站内容清晰化、秩序化，从而方便观者的阅读。总体说来，网页设计和其他的平面设计形式从构成要素上来看，并没有太大区别；也都是通过色彩、文字、图形等来构成最基本的页面形象（图5-51 ～图5-53）。

图5-51　国外某珠宝商网页设计。色彩统一，秩序感强

图5-52　国外网页设计，简单的形式和清新的页面让页面不落俗套

图5-53　国外优秀网页版式设计

在网页设计中，各种字体的应用是十分多样和丰富的，在一张页面之中；所用的字体最好控制在两三种以内，各种不同的字体运用太多会使人的视觉产生不舒适及混乱的感受，影响信息的有效传达。另外，字体间行距的大小也会在阅读者的内心中形成不一样的感受，所以行距大小要根据页面内文字和图形信息量的大小视具体情况来定（图5-54～图5-58）。

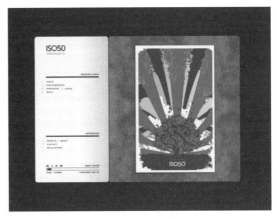

图5-54　网页设计的版面形式和其他版式设计的构成要素基本相同，也都是通过图形、
　　　　　线条、文字、色彩和肌理等构成最基本的页面形象

图5-55　戴梦德珠宝公司的网页，页面采用上下分割的版式形式，整个页面的设计
　　　　　给人优雅、高贵的视觉感受，很好地烘托出了产品的品位

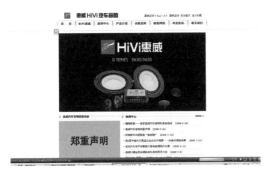
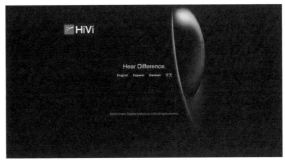

图5-56　惠威音响公司的网页，黑灰色及金属质感的对比应用，
　　　　　呈现出一种浑厚的画面气氛，和公司的品牌形象十分契合

图5-57 这是两个国外某公司的网站，在页面的分割上都较为合理，整体风格简练、干净，没有任何多余的装饰性的信息条目，版式静谧和谐

图5-58 美国时代华纳的网页设计，页面构图采用上下分割方式，简单明了，并且特别注意了文字的块面组合，丰富了浏览者的视觉感受，页面整体风格现代感强烈

　　网页的版式设计中由于信息丰富，除了图片外还有大量的文字内容，因此，在网页设计时，要在充分考虑到这些因素的情况下对其版式进行合理、有序的编排。一般来说，网站的首页信息量较少，更为强调网站的形象风格印象，所以设计时可以采用较为自由的版式编排，以取得理想的效果。进入相关页面后，就是网站要传达的正式信息内容了，要加强对网页内界面目录的设计编排，在保持同样风格的基础上，可以用不同的色彩对整个页面进行块面的分割，要能清晰明白地体现网站的主要内容，将各种复杂的内容简单化，让阅读者能快速地在页面内找到自己关注的

内容并点击查找。

随着网络的发展，个人网页设计也开始出现新的发展趋势，比如个人博客网页也出现了随心所欲设计编排的模式，可以相信将来的网页设计将更多地出现个性色彩与时代感。而与之相关的网页设计也必然有着更为宽广的发展空间（图5-59、图5-60）。

图5-59 各门户网站的博客页面，也可以进行适度的自行编排和简单的设计，凸现版式设计的应用范围在日益扩大

图5-60 国外的一些个性网站首页，版式各异，但都具有很强的现代感与设计意味

第七节　名片版式设计

名片这一现代社会交往的必需品，随着社会的发展其设计形式也呈现出越来越个性化和多样化的趋势。好的名片应该是能够巧妙地展现出名片的功能及精巧的构思。名片设计主要目的是让人加深印象，同时可以很快联想到名片交换者的单位形象，如果是个性个人名片设计则很容易联想到个人的专长与兴趣（图5-61、图5-62）。

图5-61　格式不同的名片设计

图5-62　个性鲜明的名片设计

一、名片设计的意义

在数字化信息时代中，每个人的生活工作学习都离不开各种类型的信息，名片以其特有的形式传递企业、人及业务等信息，很大程度上方便了我们的生活。名片的设计意义主要表现为：① 宣传自我；② 宣传企业；③ 便于联系的信息卡。

二、名片的分类

1.按名片的性质分

① 身份标识类名片。这类名片主要应用于政府机关、科研院所、学校、金融、保险等单位，名片的内容主要标识持有者的姓名、职务、单位名称及必要通讯方式，以传递人的个人信息为主要目的。

② 业务行为标识类名片。这类名片主要应用于生产流通领域及服务性行业，名片的持有者主要是企业的购销人员及小型企业的经营者，名片的内容除标识持有者的姓名、职务、单位名称及

必要通讯方式外，还要标识出企业的经营范围、服务方向、业务领域等，以传递业务信息为目的（图5-63）。

　　③ 企业CI系统名片。这类名片主要应用于有整体CI策划的较大型的企业，名片作为企业形象的一部分以完善企业形象和推销企业形象为目的，也是目前设计形式和设计应用范围最多的一种（图5-64、图5-65）。

图5-63 业务行为标识类名片设计

图5-64 为统一企业形象所作的名片设计（1）

图5-65 为统一企业形象所作的名片设计（2）

2. 按制作工艺分

按制作工艺可分为胶印名片、彩印名片、特殊材质特殊规格定制名片等。但是现在名片的设计也出现越来越多样化、艺术性和个性化的特点，尤其体现在设计形式上和印刷工艺上（图5-66～图5-71）。

图5-66 传统胶印名片设计

图5-67 彩印名片设计

图5-68 彩印名片设计

图5-69 特殊印刷材质的名片（1）

图5-71 特殊印刷工艺名片。压痕工艺名片。采用压痕工艺制作，压痕工艺的效果从视觉上看让"字"或"图形"凹进纸面，以"痕"来代替颜色体现名片中的图形或者文字元素。使层次更加分明

图5-70 特殊印刷工艺的名片（2）

3. 按名片的规格分

常见名片设计规格主要包括，横版：90mm*55mm（方角），85mm*54mm（圆角），竖版：50mm*90mm（方角），54mm*85mm（圆角），方版：90mm*90mm，90mm*95mm。但是现在很多个性名片设计在规格上和材质上都有了更多的突破（图5-72～图5-74）。

图5-72 一般竖版名片尺寸

图5-73 经过异型裁切的名片设计

图5-74 自行规定尺寸，极具个性的名片设计

三、名片设计要点

　　名片作为一种时代信息需求的产物，在设计上要讲究其艺术性。但它同艺术作品有明显的区别，它不像其他艺术作品那样具有很高的审美价值。它在大多情况下不会引起人的专注和追求，而是要求便于记忆，具有更强的识别性，让人在最短的时间内获得所需要的情报。因此名片设计必须做到文字简明扼要，字体层次分明，强调设计意识，艺术风格要新颖（图5-75、图5-76）。

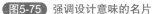
图5-75 强调设计意味的名片

图5-76 强调个性的名片

四、名片设计的程序

　　① 名片设计之前首先做到了解名片持有者的身份、职业；了解名片持有者的单位及其单位的性质、职能；了解名片持有者及单位的业务范畴。

　　② 独特的构思、合理定位，一个好的名片构思需要具有视觉冲击力和可识别性；具有媒介主体的工作性质和身份；符合持有人的特性等几个方面的内容。

五、名片设计中的构成要素

　　在名片设计中的构成要素是指构成名片的各种素材，一般是指标志、图案、文案（名片持有人姓名、通讯地址、通讯方式）等。这些素材各有不同的作用，统称为构成要素。标志图案等属于造型的构成要素。

1.名片的标志及图案设计

一般情况下，名片的标志都由用户自己提供的单位已有标志。但有的时候标志也同名片一同设计。在一般的企事业中，领导者及普通职员的名片都具有双重表象，一是单位集体的表象，二是名片持有人自我的表象。前者的形象主要代表是标志，可见在一张小小的名片中，标志是多么重要。在名片的素材中，标志造型是单纯的，小而统一，它具有在一瞬之间最容易识别的视觉效果，适合于印象、记忆和联想。这种特性是其在名片最容易引起注目和记忆的重要条件。

在名片的设计中，图案的设计是一个重要环节。图案设计的成功与否直接影响到名片的视觉效果，影响到人们对名片持有人及其所在单位的心理感受。图案在一张名片中有固定的职能。图案在名片中的作用是烘托主题、丰富画面、提示读者。所以图案的设计既要注意对比又要完整统一。对比主要是指画面的图案与画面的地，形成明显的区别。统一是指画的层次要分明，图案的存在是使主题突出，构图醒目，富于个性，同时不喧宾夺主。

图5-77　注重了名片设计个性化的同时，加强了版式的编排

2.名片的文案处理

名片的文案分两部分，一部分是主题文案，另一部分是辅助说明文案。主题文案一般是指名片持有人的姓名、工作单位。辅助说明文案包括名片持有人的职务、通讯方式、单位地址等。无论是主题文案，还是辅助说明文案，都要服从整体的构图（图5-77～图5-87）。

图5-78　强调图案与文字的呼应关系

图5-79　强调图案的名片版式

图5-80　强调整体性，增强了文字和图案的结合关系，强化了个性的名片设计

图5-81　强调整体性，增强了文字和图案的结合关系，强化了个性的名片设计

图5-82　强调整体性，增强了文字和图案的结合关系，采用特殊压痕印刷工艺增强可读性的个性名片设计

图5-83　强调版式与企业形象关系的一般通用型名片设计

图5-84 强调图案和利用现代快印技术的个性化名片

图5-85 强调版式与企业形象
关系并强化对比的名片设计

图5-86 强调版式中的图案
运用的名片设计（1）

图5-87 强调版式中的图案
运用的名片设计（2）

 案例与实训

1.参考本章内容设计制作一本书籍的装帧（主要包括封面、封底、目录以及部分的内页），书籍的题材自选，要求书籍版式的设计风格要与内容相统一。

2.参考本章内容设计制作一本时尚期刊杂志的装帧（主要包括封面、目录以及部分书的内页），要求杂志版式的设计风格要与内容相统一。

3.设计公益海报和商业宣传海报各一张。

4.根据本章内容设计一款运动产品系列的包装，或者一款食品系列的商业包装。

5.设计一个网站的页面，包括首页和进入后的主页面，风格要统一。

版式设计
Layout Design

第六章

现代版式设计观念

第一节　强化创意意识

一、何谓创意

　　创意是什么？创意绝不是一般意义上的摹仿、重复、循规蹈矩、似曾相识，大多数人都能想到的绝不是好的创意，实际上根本就谈不上创意。好的创意必须是新奇的、惊人的、震撼的、实效的。"物以稀为贵"是设计中不变的法则。创意可以有很多种不同的解释，是对传统设计的叛逆思想；是一种文化底蕴；是一种闪光的震撼；是破旧立新的创造与毁灭的循环；是对版式布局点题造势的把握；是另辟蹊径的思路，是超越自我、超越常规的导引；简而言之，创意就是具有新颖性和创造性的想法，就是创造新意。

　　在版面设计中，创意主要表现在几个方面，首先是就对设计主题所做的思路上的创意；其次就是对版面编排上的大胆创新，即形式上的创意。如今的创意越来越艺术化、个性化，体现出设计师对生活趣味的理解，对人自身感受的关注。这种极具人情味的观赏性与趣味性结合的设计，能迅速吸引观众的注意力，激发他们的兴趣，从而达到以情动人的目的。

　　不管现代的版式设计表现出如何的多样性，我们通过对大量作品的分析，仍可以找出创意的共性：即具有浓烈的人情味和以不同寻常的视角揭示为人所忽视的平凡的事物。一个好的创意无法离开优秀的形式表达。在排版设计中，编排技能的创新和熟练应用也成为至关重要的设计要素，形式上的合理排版，不仅能使人得到独特的视觉享受，更重要的是能让设计师的思想和设计主题进入人们的心灵，激发设计师更灵动的创意并设计出更优秀的作品，从而达成积极的互动，形成对设计界，对整个社会都具有促进作用的良性循环。

伴随着科技和网络的发展，设计师往往会更多地借助网络信息和电脑技术用独特、合理、创新的手法来表达设计意图，设计手法的多样化使当代的版式设计作品不再以单纯的画、写、印刷这几个简单的步骤完成，之间穿插了许多其他电子工具，甚至完全摆脱了原先固有的设计载体，让设计元素合理地体现在版面中，注入了更多情趣和内涵。这些手段和技术往往更能高效地表达设计师的无限创意，给予了设计师更多的创意潜能，进而不断地激发设计师的设计思路、创作灵感，从而开辟版式设计的新领域。

对于今天的设计师来说，版式设计的意义不仅在于如何在技术上突破创新，更重要的是利用技术把艺术和思想统一起来，充分地表达设计者和设计本身需要传达的内容与精神，表现视觉艺术独特的时代性和多样性，形成富有全新时代特色的设计。

1.创意源于积累

就现代版式设计而言，也许大家首先想到的就是创意这个词汇，基本上大多数设计者都会认同创意是决定版式设计作品的好坏。这种创造的意识在现代版式设计中的地位与作用是无法替代的。在平时，我们会说某某做的东西真的很有创意，似乎是有的人天生就很有创意，但实际上并非如此，创意是一种主动的行为，也就是说创意的首要条件就是不能被动，有创意的第一步就是要让自己处于先发制人的位置，不能被人牵着鼻子走。

那么创意又是如何产生的呢？创意和灵感不可能从天而降，直接掉到我们的面前，也不会在人脑中无故的闪现，所有优秀的创意作品都离不开日常的积累，耳濡目染的事物总会对一个人的思维方式产生潜移默化的影响。

版式设计在今天已经成为了改善设计作品和提高人们欣赏水平的一种方式，因此首先要满足的是受众的需求。版式设计能否得到受众的认同和喜爱，能否满足其审美观，就成为设计者最先考虑的问题。当然，这种认同和喜爱所包含的内涵很广，基本的当然是舒服、美观、人性化甚至还有是否具有幽默感。总之，讨人喜欢的作品才能亲近于人。因此，多收集生活中的点滴，多了解目前的潮流态势，多看些优秀的作品，自然在自己进行设计时的想法就会多一些。创意的产生、灵感的爆发就是平时所积累的知识被激活（图6-1、图6-2）。

图6-1 创意版式设计—这张由多个不同颜色的文字色块拼接而成的专辑封面是Radiohead乐队所用设计师Stanley Donwood的经典之作

图6-2 创意版式设计（1）

图6-3 创意版式设计——"美丽河南"功夫篇

图6-4 创意版式设计——"美丽河南"牡丹篇

图6-5 创意版式设计——"美丽河南"豫剧篇

2. 创意源于对外界的观察思考

当今社会是信息化和网络化高度发达的时代，在这一时代背景下，版式设计的创意发展必然离不开外界事物的影响。过去陈旧的所谓"闭门造车"式的设计方法显然是有违设计规律的。用很长的时间挖空心思去创造一种形式的设计方式已变得不合时宜，甚至可以说是效率极低的。在这样一个信息极度丰富甚至过盛的环境里，怎能放着这么巨大的资源不去利用呢？

有想法的设计者总会想尽一切的办法来丰富自己的眼界。打破专业间的界限、尽最大限度地吸取外界的创意、新观念，引为己用，留意日常所见的一切可利用的资源，从中吸取养分。在深入观察生活的过程中，我们可以从中发现新的亮点，找到自己想要的东西。作为一个设计者，完全有必要随时随地保持感知和思考的状态。

作为一个设计者，常常要回避模仿的尴尬，但是，在现在这个多元化的社会里，已经不可能做出绝对原创的形式了。同时，网络无限宽广，我们没有理由放弃这个巨大的资源。这仅仅是作为元素而言是这样，在现阶段这种设计形式多元化的社会环境下，设计形式已发展到了一个很丰富的时代，有些形式是难以回避的，但不等于就无法炮制出自己原创的东西来。正如路易·康所说的"形式是大众的，设计是个人的"，设计师应该挣脱"形式"的制约，回归到设计的本源，重新思考一个设计者应该思考的东西。这种设计方式才是在当今资讯极度发达的社会环境中应有的方式。

留意日常的一切，从艺术品到现实生活，利用所有可利用的信息资源，从中吸取养分，只要注意深入观察眼前的一切，就可从中发现自己所需的东西。总之，设计是一项富于创造性的行为，同时深入观察也是进入设计创意的一个切入点，只有随时随地保持感知的状态，才能发现新的亮点（图6-3～图6-5）。

二、创意的特点

1. 平凡新奇，耳目一新

无论做何设计，在创意时不仅仅是一味地追求天马行空、前所未见的效果，而是要在平凡中出新，最终达到耳目一新的设计目的。很多时候，我们在设计中想要采用一种急功近利的手段，完全抛开以前的设计风格和设计特点，误以为没有见过的就是创新，就是最好的，其实不然。创意的根本在于对生活和优秀设计的积累提炼。在优秀的设计基础之上，发掘出新的闪光点，将其突出表现出来；将生活中常见的人和物用艺术手法加以排列处理，使其呈现在设计画面中；将平时所见所闻的共同焦点概括出来，赋予版式设计中，这些都是现代版式设计的显著特点。图6-6中，视觉焦点"SHOW"，即为眼球，也为设计主题，整个版式设计自然大方，既保持了画面的稳定性，又通过图形和字体颜色的变化，展示出丰富、动势的美感。

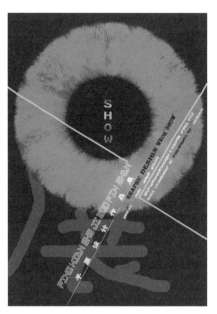

图6-6 创意版式设计（2）

2. 富于联想、充满想象

联想和想象是人类思维的本能，根据主题产生联想与想象，借由内心的想象，使人们和作品之间产生互动状态，可以说，创意是以想象开始，想象力是设计者的重要资本。创造力、想象力是对知识的长期积累，它们需要知识的滋养，知识和经验是想象力、创造力赖以生存的土壤。

在创意版式设计中，运用图形语言表现创意，可以使无生命的对象具有生命和活力的形态，用有生命的物象形态取代无生命的物象，用不合理而合情的联想组合方法，可以得到极具想象力的新形象。联想和想象都是创意的关键，是视觉传达中不可缺少的组成部分。只有通过对联想思维的训练，达到对形态的深层面认识和感悟，才能使想要传递的信息更有效的、准确的、直观的反映于版式设计中，使人们被感动和感化，从而达到创意所产生的意想不到的效果（图6-7）。

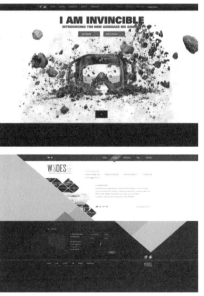

图6-7 创意版式设计（3）

3. 注重细节、精益求精

越是细微的部分越能体现设计者的智慧，尤其对于版式设计来说，每一个图形，每一个文字，每一个色彩都是整个版式设计的要素，好的创意也正是通过这些要素体现出来的。忽视细节的设计不是成功的设计，更谈不上创意的好坏优劣。通常我们说某某作品不成功，并不是全盘否定，而是这幅作品的某一部分存在着问题，而这个影响全局的败笔往往是我们不注意的细节。因此，注重细节、精益求精是创意版式设计中最应该关注的环节。

第二节　强化个性风格表现

图6-8　音乐会招贴版式设计（1）

版式设计，在向受众传达信息的同时，还应呈现出独特的气质与个性风格。版式的风格要有统一的设计，形成整体，从更深层次上通过美的视觉形式体现设计的定位、宗旨以及受众的欣赏口味。个性风格的形成可以通过版面的用色、分栏、图片的运用等。合理运用这些版面构成要素，就能够形成统一的视觉识别。

对风格的评述，不一定是优劣，而是在于风格之间的区别，探究其特征之所在。例如文学，《水浒传》与《红楼梦》，不能说孰优孰劣，只能说两者有不同的风格、个性。前者大刀阔斧，后者温馨文秀，不同的作家有不同的风格。风格总是表现性的，表现对时代、思潮的见解，表现设计者的思想、情态和艺术倾向。例如版式设计中的图形的编排形式，往往是版式设计中最值得表现的内容，设计者通过图形的排列能营造出整个版式的风格主题。因此，这里也最能体现出设计者的个性和设计思想。通过图形、文字、色彩等等许多的"语素"，表达出设计者的创作思路和艺术风格、个性（图6-8～图6-14）。

图6-9　音乐会招贴版式设计（2）

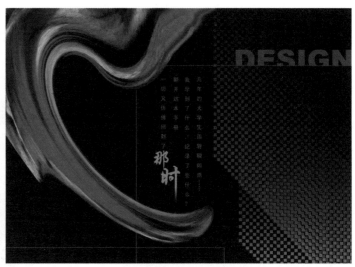

图6-10　封面版式设计

图6-11 楼盘宣传广告版式设计

图6-13 这个防身术宣传海报很有创意：拿掉一颗牙齿，打电话给他们，获得一次免费的防身术课程

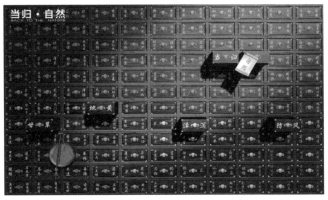

图6-12 中国元素设计大赛获奖作品——当归，自然，作者：史纲

图6-14 《自由融合》/项昊、唐郁明

第三节　网页版面的创新

　　随着网络的迅速普及和发展，版式设计中又融入了网页的版面设计，虚拟化的设计空间与传统的纸质版式设计相比，有其特有的表现力。网页版面通过文字、音视频、图片、图表、动画等多媒体方式表现一个特定主题内容，在表现方式上这些网页的构成要素较之传统的纸质版面要丰富得多，因此表达的内容和形式也更加活泼、自由。

一、网页版面的视觉表现力

　　网页版面设计中，要合理利用音频、视频、动画等特有的多媒体方式来进行表现。这些动态

图6-15 网页版式设计

图6-16 俄罗斯advanced music
互动音乐网页版式设计

的要素较之传统的图形、文字有更为有力的吸引力和传达信息的能力，这也是网页版面设计中所特有的优势。当然，除此之外，网页版面还有图标、图表、链接、按钮等一些琐碎的视觉要素，要把这些要素分类整合在一起，既要保证点击时的准确性和方便性，更要注意整个网页的视觉美感。

网页设计作为一种视觉语言，特别讲究编排和布局，虽然主页的设计不等同于平面设计，但它们有许多相近之处。版式设计通过文字图形的空间组合，表达出和谐与美。多页面站点页面的编排设计要求把页面之间的有机联系反映出来，特别要处理好页面之间和页面内的秩序与内容的关系（图6-15）。

二、网页版面的统一感

为了将丰富的意义和多样的形式组织成统一的页面结构，形式语言必须符合页面的内容，体现内容的丰富含义。

灵活运用对比与调和、对称与平衡、节奏与韵律以及留白等手段，通过空间、文字、图形之间的相互关系建立整体的均衡状态，产生和谐的美感。如对称原则在页面设计中，它的均衡有时会使页面显得呆板，但如果加入一些富有动感的文字、图案，或采用夸张的手法来表现内容往往会达到比较好的效果。点、线、面作为视觉语言中的基本元素，巧妙地互相穿插、互相衬托、互相补充构成最佳的页面效果，充分表达完美的设计意境（图6-16、图6-17）。

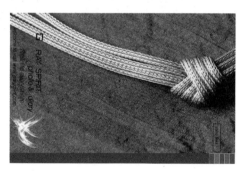

图6-17 国外网页版式设计，主题创意明确

案例与实训

1.任选一款电子产品，以突出产品的特点为基本思路，运用版式设计的形式，设计一张产品宣传单页。

2.以校园网作为虚拟的设计对象，设计校园网的主页页面。

欣赏篇

版式设计
Layout Design

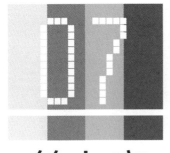

第七章
优秀版式设计作品赏析

当今版式设计的新内容、新形势、新课题都为我们提供了诸多借鉴和学习的内容，还有网络信息的共享更是给了我们学习的极大便利。本章主要根据现代版式设计的发展趋势，从诸多的优秀平面广告版式设计中摘录一些优秀设计作品，与大家一起感受版式设计的魅力和价值所在。版式设计还是要服务和为设计的最终结果服务的，从这个意义上说版式设计的设计和创意不外乎以下几种类型。

一、强调主题表达

　　平面设计中的版式设计在创意上一般分为两种，一是针对主题思想的创意；二是版面编排设计的创意。将主题思想的创意与编排技巧相结合的表现，以成为现代编排设计的发展趋势。在编排的创意表现中，文字的编排具有强大的表现力，它生动、直观、富于艺术的表现与传达。文字与图形的配置，已不是简单的，平淡的组合关系，而是更具有积极的参与性和创意表现性，与图形达成最佳配置关系来共同表现思想及情感。这种手法，给设计注入了更深的内涵和情趣，是编排形式的深化，是形式与内容完美的体现（图7-1 ～图7-6）。

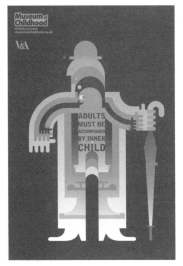

图7-1 2009 Clio国际广告奖印刷大奖获奖作品

图7-2 题为《疲劳驾驶》的海报招贴版式（1）

图7-3 题为《疲劳驾驶》的海报招贴版式（2）

图7-4 题为《疲劳驾驶》的海报招贴版式（3）

图7-5 FedEx海报和印刷品获奖作品（1）

图7-6 FedEx海报和印刷品获奖作品（2）

下面这组作品是宝马敞篷车的广告版式设计（图7-7），主题以回归最原始驾驶敞篷车的乐趣出发，完成了这一系列新款迷你CABRIO的敞篷车广告。

图7-7　宝马敞篷车版式设计

二、突出个性风格

在版式设计中，追求新颖独特的个性表现，有意制造某种神秘气氛或者不规则的空间效果，或者以追求幽默、风趣的表现形式来吸引读者，引起共鸣，成为当今设计界在艺术风格上的流行趋势。这种风格摆脱了陈旧与平庸，给设计注入了新的生命。在编排中，除图片本身具有趣味外，再进行巧妙地编排和配置，可营造出一种妙不可言的空间环境。在很多情况下，图片平淡无奇，但经过巧妙组织后，即产生神奇美妙的视觉效果（图7-8、图7-9）。

图7-8　利用图片效果强化版式创意，营造空间氛围　　图7-9　强调版式编排中的神秘感觉，增强视觉效果

2006年举办的中国元素国际创意大赛，是由中国广告协会主办，清华大学和北京大学学术支持的一次以"中国元素"为主题的国际性创意大赛。中国元素国际创意大赛明确提出把中国文化和创意结合在一起的思路。参赛者以中国五千年的深厚文化底蕴作为素材，去发现及寻找那些被隐藏或让人忽视而有价值的中国元素，很多获奖作品定位准确、个性鲜明，也将版式的应用发挥得淋漓尽致。下面的作品是其中获奖作品的代表佳作（图7-11～图7-13）。

图7-10 吕敬人书籍设计版式欣赏

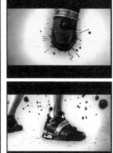

图7-11 全场大奖——飞甲《墨球篇》作者：北京李奥贝纳

图7-12 金奖——红双喜系列之笔盒/相机，
作者：广东黑马广告有限公司

图7-13 中国元素国际创意大赛获奖
作品——符号系列

三、注重情感融入

"以情动人"是艺术创作中奉行的原则。在版面编排中，文字编排表述最富于情感的表现。如文字在"轻重缓急"的位置关系上，就体现了感情的因素，即"轻快、凝重、舒缓、激昂"。另外，在空间结构上，水平、对称、并置的结构表现严谨与理性；曲线与散点的结构表现自由、轻快、热情与浪漫。此外，出血版使感情舒展，框版是感情内蕴，留白富于抒情，黑白富于庄重、理性等。合理运用编排的原理来准确传达情感，或清新淡雅，或热情奔放，或轻快活泼，或严谨凝重，这正是版式设计更高层次的艺术表现（图7-14）。

图7-14 中国元素国际创意大赛获奖作品——交流与互动，作者：陆兴刚

下面的这些各类的版式设计作品，均从专业设计网站浩如烟海的设计作品中遴选出来的佳作，无论形式美感、色彩搭配、图形图像还是创意思维都能给我们以启迪。我们仔细地品味阅读就会发现版式设计的魅力源泉所在（图7-15～图7-22）。

图7-15 2009年度欧洲设计奖获奖作品

图7-16 不同种类的设计师设计出的字体的数量和种类，多得令人难以置信。所以将一些优秀的字体设计师所设计的作品精选出来展现给大家

图7-17 三洋CA8数字水下摄像机广告版式——海底到底有什么？

图7-18 第20届法国肖蒙国际海报节获奖作品

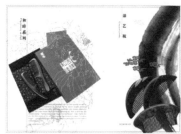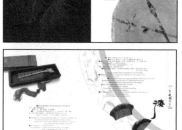

图7-19 《谭木匠》宣传画册欣赏

图7-20 以京都元素所设计的版式作品

图7-21 Steven Goodin版式设计作品。28岁的Steven Goodin在过去的3年中，创作了很多精彩的招贴设计。3D元素和印刷字体元素的混合非常具有非传统意味

图7-22 楼书画册的版式设计，清新隽雅、意味悠远

　　下面是一些优秀创意版式设计图片，通过对这些经典的版式设计的欣赏，我们将会发现：在版式设计中没有最好，只有更好这一道理。

DUMBING SOON

DUMBLR.COM

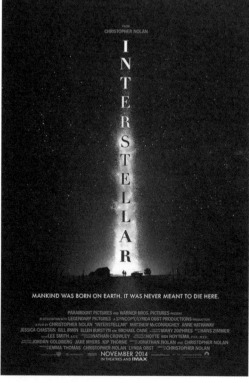

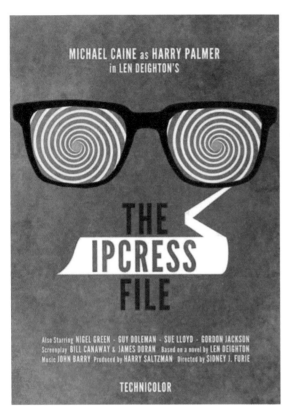

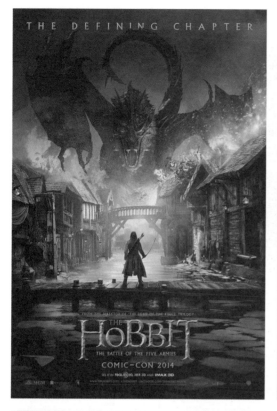

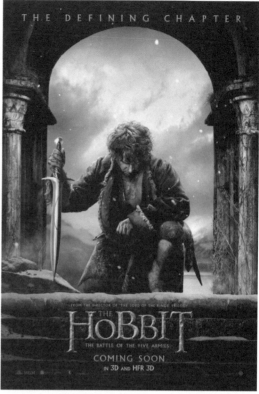

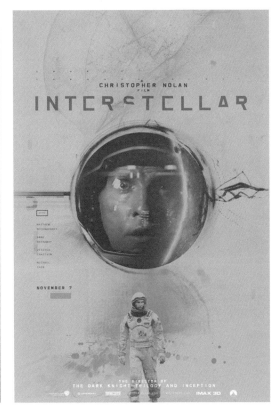

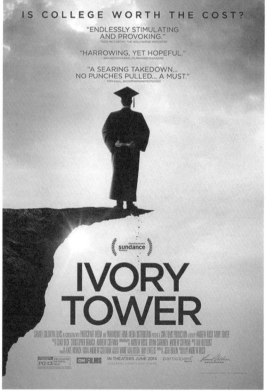

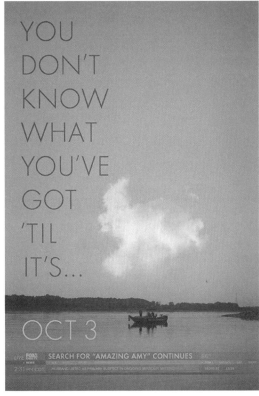

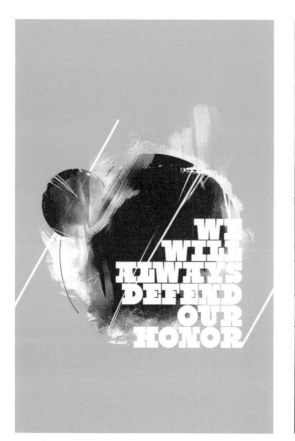

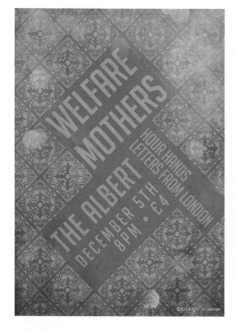

参 考 文 献

[1] 葛芳，陈绘.版式设计.上海：上海人民美术出版社，2012.
[2] 黄建平，吴莹.版式设计基础.上海：上海人民美术出版社，2007.
[3] 邓水清，唐照会.版式设计.哈尔滨：哈尔滨工程大学出版社，2008.
[4] （日）佐佐木刚士.版式设计原理.北京：中国青年出版社，2007.